中国科学院数学与系统科学研究院资助出版

数 值 分 析
Numerical Analysis

周爱辉

U0173342

中国教育出版传媒集团

高等教育出版社·北京

内容提要

本书介绍一些典型的数值方法及其数学机理,内容包括:逼近论基础、数值积分、常微分方程数值解、线性系统与非线性系统的迭代法、矩阵特征值问题的数值方法等。同时,本书还介绍了一些典型数值方法的最新发展和数值分析的最新成果。

本书可作为数学学科及计算科学与工程专业的教科书或参考书。

图书在版编目(CIP)数据

数值分析/周爱辉主编. -- 北京:高等教育出版社,2023.7
ISBN 978-7-04-060123-7

Ⅰ.①数… Ⅱ.①周… Ⅲ.①数值分析 Ⅳ.① O241

中国国家版本馆 CIP 数据核字(2023)第 036783 号

Shuzhi Fenxi

策划编辑 李冬莉　　　责任编辑 李冬莉　　　封面设计 张　志　　　版式设计 徐艳妮
责任校对 陈　杨　　　责任印制 朱　琦

出版发行	高等教育出版社	网　　址	http://www.hep.edu.cn
社　　址	北京市西城区德外大街4号		http://www.hep.com.cn
邮政编码	100120	网上订购	http://www.hepmall.com.cn
印　　刷	北京宏伟双华印刷有限公司		http://www.hepmall.com
开　　本	787mm×1092mm　1/16		http://www.hepmall.cn
印　　张	13.25		
字　　数	170 千字	版　　次	2023 年 7 月第 1 版
购书热线	010-58581118	印　　次	2023 年 7 月第 1 次印刷
咨询电话	400-810-0598	定　　价	43.60 元

前　言

　　科学与工程中的数学模型或基于数据的分析往往涉及在有限维或无限维空间中的求和、求根与求极值[①]。求和通常是数值求根与求极值的基础,而求根与求极值往往可相互转化。我们注意到,要想又快又好地解决科学与工程中的计算问题,数据、数学模型及其解的简单有效表示都至关重要。

　　描述与理解有限维和无限维体系及其关联问题的典型的数学工具包括泛函分析。泛函分析通常通过研究有限维空间和无限维空间上的算子定义域、值域及其谱分布等来定性地刻画与分析相应的有限维和无限维问题。数值分析则讨论与理解有限维函数空间中的函数简单有效表示和相应问题的数值计算方法以及无限维问题的有限维逼近等[②]。无论是无限维函数空间还是大规模的有限维函数空间内的求和、求根与求极值,通常都是求它们的近似。

　　本书分为七章,将在泛函分析框架下介绍数值分析,视数值分析为数值泛函分析,并侧重定量分析。第一章通过对几个经典问题中的算法及其分析来说明算法的重要性及其数学机理,并介绍泛函分析在数值分

[①]"根 (解)""元"和"次"这些中文的数学术语是由爱新觉罗·玄烨定下来的。

[②]为方便起见,有时我们视向量为函数。在实际的数值计算中,很多高维问题被视为无限维问题,而用低维模型来逼近高维问题。

析中所起的作用。其余六章则主要介绍与讨论典型有限维函数空间及其函数和算子如何有效地用有限的信息或数据来刻画和表示, 以及无限维函数空间上的有关性质如何有效地用有限维函数空间来逼近。其中, 有限维函数空间上的函数与泛函表示问题涉及子空间投影和函数插值, 有限维函数空间上的泛函逼近无限维函数空间上的泛函涉及子空间投影和插值算子逼近。积分是无限维空间上的特殊泛函, 并具有广泛的应用背景, 因此需要研究数值积分①。迭代逼近得到的序列是一离散动力系统, 这一离散动力系统可以看成是某个连续动力系统的离散, 因此了解常微分方程的数值方法会有多方面的意义。有限维空间上的线性算子便是矩阵, 故需要进行矩阵分析。很多应用场景需要有限维算子保结构地逼近无限维算子, 如对应着非负物理量/态的转换计算, 这样我们特别讨论了非负矩阵。而许多物理规律的数学模型可用 Galerkin (伽辽金) 原理建立, 也可用相应的 Ritz (里茨) 原理描述, 相应的数值求解就分别需要用到微分方程数值方法与最优化计算方法, 以及代数系统求解与非线性迭代计算等。

我们知道, 当今科学研究与工程设计中常涉及这样的问题: 只知道与某函数相关的 (既没有给出代数结构, 也没有给出拓扑结构的) 数据或函数值集合, 要求该函数或其近似。现在流行的处理方式是: 不断地从已有的数据学习或构造中得到一系列具有代数结构和拓扑结构的有限维子空间 (不一定是线性空间), 并有效地得到该函数在有限维子空间上的投影, 并使得这一系列投影越来越逼近所要求的函数。然而这类问题的学习和构造的方法离不开最优化模型和动力学模型以及它们的逼近和迭代计算, 这一部分不属于本书的范畴, 感兴趣的读者可以参考相

---

① 本书不涉及数值微分。有关差商逼近参见第二章 2.2 节。求微分一有意思的处理方式可参见 SQUIRE W, TRAPP G. Using complex variables to estimate derivatives of real functions. SIAM Rev., 1998, 40: 110-112。

关文献。

本书是在本人为中国科学院大学数学与应用数学专业的本科生以及中国科学院大学的前身中国科学院研究生院的数学学科研究生讲授同名课程内容的基础上整理而成。有关经典内容参考了国内外多部专著和教材, 参考之处可能没有一一列出, 在此表示歉意。

在本书的整理过程中, 本人得到了许多的合作者和授课学生给予的勘误与改进意见, 在此对他们表示感谢, 这里我要特别感谢刘芳、齐文霞和王雨晴。此外, 本书在高等教育出版社吴晓丽编辑的推动下得以出版, 特在此致谢。作者还要感谢李冬莉编辑, 她为本书的出版付出了辛勤的劳动。

限于作者学识, 书中难免有纰漏, 敬请读者指正。

周爱辉

2022 年 11 月

目　录

第一章 绪 论

计算是数学的最基本的表现形式, 贯穿着数学的整个发展历程; 计算也是当今科学研究与工程设计重要的手段和工具. 在中国, 数学曾长期被称为算术. 算术在当今社会进步与发展中的作用变得越来越重要.

同一数学模型, 不同的计算方法, 其计算效率与计算量以及计算机实现技术可以截然不同. 因此, 算术或计算方法及其数学机理至关重要.

1.1 经典问题中的算法及其分析

古代算筹[①] 是中国独有的先进的计算工具. 在西周之前, 中国人就已经掌握了十进制, 并普遍使用算筹进行计算. 算筹造就了中国古代数学擅长计算. 然而利用算筹进行计算需要方法 (即筹算). 当今电子计算机通过做加减乘除 (的二进制) 运算来进行数值计算, 这需要有由加减乘除这些简单的运算进行求解或刻画逼近数学问题与模型的方法, 这类方法叫做算法或计算方法. 现今好的算法应该精度可控、计算量小, 同时易于在计算机上实现.

例 1.1.1 (Gauss (高斯) 求和) 直接计算 $1+2+\cdots+n$ 需做 $n-1$

[①] 算筹是长条形小棍, 材质主要是竹和木, 以竹居多.

次加法, 而利用公式①

$$1 + 2 + \cdots + n = \frac{n(n+1)}{2}$$

只需做 1 次加法、1 次乘法、1 次除法.

给定 n 次代数多项式

$$P_n(x) = a_0 x^n + a_1 x^{n-1} + \cdots + a_{n-1} x + a_n,$$

我们来计算它在某一点 x 处的值 $P_n(x)$. 如果直接计算, 那么需要进行

$$n + (n-1) + \cdots + 2 + 1 = \frac{n(n+1)}{2}$$

次乘法运算和 n 次加法运算. 如果利用秦九韶算法, 计算量就少多了.

例 1.1.2 (秦九韶算法)　运用等式

$$P_n(x) = (\cdots ((a_0 x + a_1)x + a_2)x + \cdots + a_{n-1})x + a_n$$

及迭代 $b_0 = a_0, b_{k+1} = b_k x + a_{k+1}(k = 0, 1, 2, \cdots, n-1)$, 只需做 n 次乘法和 n 次加法就可以计算出 $b_n = P_n(x)$.

事实上, 我们不难知道

$$P_n(x) = b_1 x^{n-1} + a_2 x^{n-2} + \cdots + a_{n-1} x + a_n,$$

从而归纳有

$$P_n(x) = b_k x^{n-k} + a_{k+1} x^{n-k-1} + \cdots + a_{n-1} x + a_n, \quad k = 0, 1, \cdots, n.$$

注记 1.1.1　南宋数学家秦九韶 (约 1202—1261) 在湖北完成了《数书九章》. 该著作中有这里介绍的秦九韶算法. 秦九韶算法起源于汉代《九章算术》的开方法. 西方称秦九韶算法为 Horner (霍纳) 算法, 其实 Horner 的工作较秦九韶的晚了五六个世纪.

———————————

①事实上, 此公式是大约公元前 550 年由 Pythagoras (毕达哥拉斯) 给出的.

秦九韶算法关键在于在求和过程中反复合并同类项, 我们也可将类似的思想用于求积以及其他计算问题.

我们接着看 Basel (巴塞尔) 问题[①]

$$\sum_{k=1}^{\infty} \frac{1}{k^2} = \frac{\pi^2}{6}.$$

如何又快又有效地近似计算级数 $\sum\limits_{k=1}^{\infty} \frac{1}{k^2}$ 呢? 对于级数 $\sum\limits_{k=1}^{\infty} \frac{1}{k^2}$ 前 n 项之和 $\sum\limits_{k=1}^{n} \frac{1}{k^2}$ 的余项, 我们有

$$\sum_{k=n+1}^{\infty} \frac{1}{k^2} < \sum_{k=n+1}^{\infty} \frac{1}{k(k-1)} = \sum_{k=n+1}^{\infty} \left(\frac{1}{k-1} - \frac{1}{k} \right) = \frac{1}{n},$$

$$\sum_{k=n+1}^{\infty} \frac{1}{k^2} > \sum_{k=n+1}^{\infty} \frac{1}{k(k+1)} = \sum_{k=n+1}^{\infty} \left(\frac{1}{k} - \frac{1}{k+1} \right) = \frac{1}{n+1}.$$

这表明, 用简单的前 n 项之和来近似级数 $\sum\limits_{k=1}^{\infty} \frac{1}{k^2}$ 的精度不高.

注意到, 当 $k \gg 1$ 时,

$$\frac{1}{k^2} \sim \frac{1}{k(k+1)}.$$

而差为

$$\frac{1}{k^2} - \frac{1}{k(k+1)} = \frac{1}{k^2(k+1)}.$$

于是, 由

$$\sum_{k=1}^{\infty} \frac{1}{k(k+1)} = \sum_{k=1}^{\infty} \left(\frac{1}{k} - \frac{1}{k+1} \right) = 1$$

我们得到

---

① 此公式是 Euler (欧拉) 于 1735 年利用 $\sin x$ 的零点和 Taylor (泰勒) 展开式得到的.

$$\sum_{k=1}^{\infty} \frac{1}{k^2} = 1 + \sum_{k=1}^{\infty} \frac{1}{k^2(k+1)}. \tag{1.1}$$

不难知道

$$\sum_{k=n+1}^{\infty} \frac{1}{k^2(k+1)} < \frac{1}{n} \sum_{k=n+1}^{\infty} \frac{1}{k(k+1)} < \frac{1}{n^2}.$$

这样, 我们有

例 1.1.3 (Kummer (库默尔) 变换)   用 (1.1) 式的右端的部分和

$$1 + \sum_{k=1}^{n} \frac{1}{k^2(k+1)}$$

来近似计算 (1.1) 式的左端的收敛速度要比直接用 (1.1) 式的左端的前 n 项和近似要快要好.

一般地, 为计算收敛慢的级数 $\sum\limits_{k=1}^{\infty} a_k$, 可用收敛快的级数 $\sum\limits_{k=1}^{\infty} b_k$ 来代替, 即

$$\sum_{k=n+1}^{\infty} b_k = o\left(\sum_{k=n+1}^{\infty} a_k \right).$$

这就是所谓的 Kummer 变换.

以少的计算代价来提高逼近精度是进行数值分析的目的之一.

圆周率计算是中国古代数学史上光辉的一页. 特别是, 祖冲之 (429 — 500) 得到的密率 $\frac{355}{113}$ 的精度高达 10^{-7}. 这是一项令人惊叹的成就. 西方要晚约一千年才得到可以与之相比的结果. 在祖冲之以前另一伟大数学家刘徽也曾计算过圆周率. 刘徽用圆内接多边形的周长来逼近圆周. 如果以 a_n 表示内接于一个半径为 1 的圆的正 n 边形的边长, 那么按刘徽的方法得到圆周率 π 的近似值 $\pi_n = \frac{1}{2}na_n$. 例如在最简单的情况下考虑圆内接正六边形, 它的边长等于 1, 从而得到圆周率的最初近似值是 3.

表 1.1.1 列出了从圆内接正六边形开始, 边数不断加倍得到的 π 的最初 6 个近似值.

表 1.1.1

n	a_n	π_n
6	1.000 000 000 0	3.000 000 000 0
12	0.517 638 090 2	3.105 828 541 2
24	0.261 052 384 4	3.132 628 612 8
48	0.130 806 258 5	3.139 350 204 0
96	0.065 438 165 6	3.141 031 948 8
192	0.032 723 463 3	3.141 452 476 8

当然如果我们愿意继续增加边数, 就可以更精确地估计圆周率. 现在, 我们来看看另一种方法.

例 1.1.4 (Hughes (休斯) 算法)　利用相邻两个近似值 π_n 和 π_{2n} 作一个线性组合

$$\pi_n^* = \frac{1}{3}(4\pi_{2n} - \pi_n),$$

作为圆周率的近似值.

例如用圆内接正六边形和正十二边形对应的数值, 我们得到

$$\pi_6^* = \frac{1}{3}(4\pi_{12} - \pi_6)$$
$$= \frac{1}{3} \times (4 \times 3.105\,828\,541\,2 - 3.000\,000\,000\,0)$$
$$= 3.141\,104\,721\,6.$$

这相当于表 1.1.1 中相应于圆内接正九十六边形所达到的精度. 如果用表 1.1.1 中最后两个近似值 π_{96} 和 π_{192} 作线性组合, 那么我们就得到另一个近似值

$$\pi_{96}^* = \frac{1}{3}(4\pi_{192} - \pi_{96})$$

$$= \frac{1}{3} \times (4 \times 3.141\,452\,476\,8 - 3.141\,031\,948\,8)$$

$$= 3.141\,592\,652\,8.$$

这一值精确到圆周率的精确值的小数点后第八位. 相比之下, 表 1.1.1 中正一百九十二边形对应的 π 的近似值的精度要差得多.

这里的系数 $\frac{4}{3}$ 和 $\frac{1}{3}$ 是如何得来的呢? 为什么经过这样一番线性组合能得到精度更高的近似值呢? 让我们对近似值 π_n 进行一番数值分析. 对 $\pi_n = \frac{1}{2}na_n = n\sin\frac{\pi}{n}$ 进行 Taylor 展开得

$$\pi_n = \pi - \frac{\pi^3}{3!}\left(\frac{1}{n}\right)^2 + \frac{\pi^5}{5!}\left(\frac{1}{n}\right)^4 - \frac{\pi^7}{7!}\left(\frac{1}{n}\right)^6 + \frac{\pi^9}{9!}\left(\frac{1}{n}\right)^8 - \cdots, \quad (1.2)$$

因此, 近似值 π_n 逼近 π 的误差阶是 $\mathcal{O}(n^{-2})$. 如何能消除上述展开式中 $\left(\frac{1}{n}\right)^2$ 这一项, 便是组合系数 $\frac{4}{3}$ 和 $\frac{1}{3}$ 的来源. 直接计算我们得到

$$\pi_n^* = \pi - \frac{1}{4}\cdot\frac{\pi^5}{5!}\left(\frac{1}{n}\right)^4 + \frac{5}{16}\cdot\frac{\pi^7}{7!}\left(\frac{1}{n}\right)^6 - \cdots, \quad (1.3)$$

这样 π_n^* 逼近 π 的精度是 $\mathcal{O}(n^{-4})$, 自然比原来的 π_n 的精度好得多.

上述组合便是著名的**外推算法**. 这种思想在计算数学的多个分支都有很好的应用. 例如在数值积分计算中, 从梯形公式出发作一步外推就得到 Simpson (辛普森) 公式. 在微分方程特别是常微分方程求解问题中, 对用差分方法/有限元方法得到的解进行外推也能得到很好的结果.

注记 1.1.2 263 年刘徽用圆内接正多边形的周长来逼近圆周率, 17 世纪 Hughes 使用了正多边形的外推算法来计算圆周率. Richardson (理查森) 将外推算法用于常微分方程差分求解, 20 世纪 50 年代 Watson (沃森) 将之推广到偏微分方程差分求解. 80 年代初林群等证明了外推算法在偏微分方程有限元数值求解中也能提高精度.

我们还可利用另一方法来消除展开式 (1.2) 中的 $\left(\dfrac{1}{n}\right)^2$ 这一项以达到精度为 $\mathcal{O}(n^{-4})$ 的逼近. 事实上, 由 (1.2) 式, 我们得到

$$\pi_n = \pi - \frac{\pi_n^3}{3!}\left(\frac{1}{n}\right)^2 + \mathcal{O}(n^{-4})$$

或

$$\pi_n + \frac{\pi_n^3}{3!}\left(\frac{1}{n}\right)^2 = \pi + \mathcal{O}(n^{-4}). \tag{1.4}$$

这表明, 近似值 $\pi_n + \dfrac{\pi_n^3}{3!}\left(\dfrac{1}{n}\right)^2$ 逼近 π 的精度是 $\mathcal{O}(n^{-4})$. 这就是所谓的**校正法**.

我们也可换个角度看: 除一高阶小量外, 由 (1.4) 式有: 误差 $\pi - \pi_n$ 可由可计算量 $\dfrac{\pi_n^3}{3!}\left(\dfrac{1}{n}\right)^2$ 后验估计出.

由 (1.3) 式, 我们还可得到

$$\pi_n^* = \pi - \frac{1}{4}\cdot\frac{(\pi_n^*)^5}{5!}\left(\frac{1}{n}\right)^4 + \mathcal{O}(n^{-6}).$$

这意味着, 除一高阶小量外, 计算误差 $\pi - \pi_n^*$ 可由可计算的后验估计

$$\frac{1}{4}\cdot\frac{(\pi_n^*)^5}{5!}\left(\frac{1}{n}\right)^4$$

来给出 (参见本章问题 7).

如果在 (1.2) 式或 (1.3) 式中, 从等式右边第二项开始, 逐次用 π_n 或 π_n^* 代替 π, 那么我们便得到 π 的新的高精度逼近, 并且还可用后验误差估计其逼近精度. 这样, 我们可反复利用展开式 (1.2) 或 (1.3) 自适应地提高 π 的计算精度. 更多的圆周率计算方法介绍可参见文献 [21].

在这一节最后, 我们介绍一求根的例子. 对 $a > 0$, 用迭代法求方程

$$x^2 - a = 0 \tag{1.5}$$

的根. 给定初始值 $x_0 > 0$, 找校正 δx 使 $(x_0 + \delta x)^2 - a \approx 0$. 如果略去二次项 $(\delta x)^2$, 那么可考虑关于 δx 的一次方程

$$x_0^2 + 2x_0\delta x - a = 0,$$

我们有

$$\delta x = \frac{a}{2x_0} - \frac{x_0}{2}.$$

于是, 我们可得到 $\sqrt{a}$ 新的近似值 $x_1 = x_0 + \delta x$, 即

$$x_1 = \frac{1}{2}\left(x_0 + \frac{a}{x_0}\right).$$

从而可归纳得到迭代法

$$x_{n+1} = \frac{1}{2}\left(x_n + \frac{a}{x_n}\right), \quad n = 0, 1, 2, \cdots.$$

这就是求解方程 (1.5) 的 Newton (牛顿) 法[①] (Newton 法另一构造视角参见第六章 6.3 节).

例 1.1.5 (Newton 法)   给定 $x_0 > 0$, 计算

$$x_{n+1} = x_n - \frac{f(x_n)}{f'(x_n)}, \quad n = 0, 1, 2, \cdots, \tag{1.6}$$

其中 $f(x) = x^2 - a$ 且 $a > 0$[②].

下面分析由 (1.6) 式确定的迭代 x_n 收敛到 $\sqrt{a}$ 的收敛速度. 简单计算有

$$x_{n+1} - \sqrt{a} = \frac{1}{2}(x_n - \sqrt{a})\left(1 - \frac{\sqrt{a}}{x_n}\right).$$

---

①Newton 法最早是由 Newton 在 1669 年求解三次方程时提出来的. 其相关历史与发展可参见 YAMAMOTO T. Historical developments in convergence analysis for Newton's and Newton-like methods. J. Comput. Appl. Math., 2000, 124: 1–23.

②据称, 古巴比伦人在六十进制的情形下, 曾利用当 $a = 2$ 时的迭代对 $\sqrt{2}$ 进行近似计算, 参见 [24].

这意味着

$$x_{n+1} - \sqrt{a} \leqslant \frac{(x_n - \sqrt{a})^2}{2x_n}.$$

注意到 $x_n \geqslant \sqrt{a}$, 我们进一步有

$$0 < x_{n+1} - \sqrt{a} \leqslant \frac{(x_n - \sqrt{a})^2}{2\sqrt{a}}.$$

因此, Newton 法 (1.6) 是二阶收敛的.

1.2 典型的泛函逼近分析

理解数学问题的逼近与求解运算的数学机理便是数值分析. 人们的认识都是不断地从简单到复杂、以有限达无限, 这种逐次逼近的思想与方法事实上是数学理论典型的论证工具. 泛函分析中就有许多典型的数值逼近的分析例子. 这些例子展示了在统一抽象的框架下如何看待、推导与分析用离散逼近连续以及从有限过渡到无限之数学.

例如, 从 Banach-Steinhaus (巴拿赫–施坦豪斯) 定理 (共鸣定理) 可导出机械求积公式的收敛性. 在定积分数值计算中, 通常引用机械求积公式: 对 $w_j^{(n)} \in \mathbb{R}$, 以

$$Q_n(f) \equiv \sum_{j=0}^{m_n} w_j^{(n)} f(x_j^{(n)}), \quad a \leqslant x_0^{(n)} < x_1^{(n)} < \cdots < x_{m_n}^{(n)} \leqslant b \qquad (1.7)$$

作为 f 的积分 $Q(f) \equiv \int_a^b f(x)\mathrm{d}x$ 的近似值.

定理 1.2.1 (Szegö (塞格) 定理) 机械求积公式 (1.7) 对任何 $f \in C[a,b]$ 都收敛于 $Q(f)$ 的充分必要条件是

(1) 存在常数 $C > 0$ 使得

$$\sum_{j=0}^{m_n} |w_j^{(n)}| \leqslant C;$$

(2) 对任何代数多项式 f 都有 $Q_n(f) \to Q(f)$ (当 $n \to \infty$).

证明 首先, 我们容易得到: 作为 $C[a,b] \to \mathbb{R}$ 上的算子 Q_n, 它的范数

$$\|Q_n\| = \sum_{j=0}^{m_n} |w_j^{(n)}|. \tag{1.8}$$

于是, 由 (1.8) 式及 Banach-Steinhaus 定理知 (1) 是必要的, 而 (2) 的必要性显然.

反过来, 若 (1) 和 (2) 满足, 则由多项式函数在 $C[a,b]$ 中稠密知: 存在 $C[a,b]$ 上的线性连续泛函 $Q(f)$, 使得对每个 $f \in C[a,b]$, 均有 $Q_n(f) \to Q(f)$ (当 $n \to \infty$). 而由条件 (2) 及 $Q(f)$ 的连续性又有

$$Q(f) = \int_a^b f(x)\mathrm{d}x.$$

这就完成了定理的证明. □

又如, 我们还可从 Banach-Steinhaus 定理导出如下的 Lax (拉克斯) 定理[①].

定理 1.2.2 (Lax 定理) 设 X, Y 是两个 Banach 空间. 又设 T, $T_n(n=1,2,\cdots): X \to Y$ 均是一一对应且映上的有界线性算子. 对任何 $y \in Y$, 记 $x = T^{-1}y, x_n = T_n^{-1}y(n=1,2,\cdots)$. 如果

$$\|Tz - T_n z\| \to 0 \text{ (当 } n \to \infty), \quad \forall z \in X \quad (相容性), \tag{1.9}$$

那么对任何 $y \in Y$ 有 $x_n \to x$ (当 $n \to \infty$) 的充分必要条件是

$$\sup_{n \geq 1} \|T_n^{-1}\| < \infty,$$

即收敛性在相容性条件下与稳定性等价.

①进一步的讨论见: 许进超. 数值格式的稳定性、相容性和收敛性. 中国科学: 数学. 2015, 45(8): 1205–1216.

证明 充分性. 由条件 $Tx = T_n x_n (n = 1, 2, \cdots)$ 有

$$\|x_n - x\| = \|T_n^{-1} Tx - T_n^{-1} T_n x\| \leqslant \|T_n^{-1}\| \|Tx - T_n x\|.$$

于是, 由 $\sup\limits_{n \geqslant 1} \|T_n^{-1}\| < \infty$ 及相容性条件 (1.9) 得到

$$\|x_n - x\| \leqslant \sup\limits_{n \geqslant 1} \|T_n^{-1}\| \|Tx - T_n x\| \to 0 \ (\text{当} \ n \to \infty).$$

必要性. 对任何 $y \in Y$, 记 $x_n = T_n^{-1} y, x = T^{-1} y$. 条件 $x_n \to x$ (当 $n \to \infty$) 等价于

$$T_n^{-1} y \to T^{-1} y \ (\text{当} \ n \to \infty), \quad \forall y \in Y.$$

于是, 由 Banach-Steinhaus 定理即得 $\sup\limits_{n \geqslant 1} \|T_n^{-1}\| < \infty$. $\square$

Hahn-Banach (哈恩–巴拿赫) 定理是泛函分析中另一重要的定理. 我们可从它导出如下的 Runge (龙格) 定理[①].

定理 1.2.3 (Runge 定理) 设 K 是复平面 $\mathbb{C}$ 上的一紧子集. 又设 $E \subset (\mathbb{C} \cup \{\infty\}) \setminus K$ 且 E 与 $\mathbb{C} \cup \{\infty\}$ 的每个分量/支都相交. 若 f 是 K 的一邻域内的解析函数, 则必存在有理函数列 f_n, 其极点都在 E 内, 使得 f_n 在 K 上一致收敛于 f.

注记 1.2.1 人们把论文 "VON NEUMANN J, GOLDSTINE H. Numerical inverting of matrices of high order. Bulletin of the AMS, 1947" 的发表看成是现代数值分析的诞生. 数值分析的 "前世今生" 可参阅 [24] 及其所引文献. 而论文 "KANTOROVICH L V. Functional analysis and applied mathematics. Uspehi Mat. Nauk., 1948" 首次将泛函分析应用到数值分析.

---

① 证明见: 张恭庆, 林源渠. 泛函分析讲义 (上册). 2 版. 北京: 北京大学出版社, 2021.

问 题

1. 如何利用秦九韶算法思想同时计算一多项式及其导数?

2. 试设计快速算法计算多项式 x^n.

3. 能否设计比秦九韶算法更快的算法计算多项式呢?

4. 假设在人数为 N 的人群中, 感染新型冠状病毒的人数为 n 且 $n \ll N$. 又假设一管核酸试剂可同时检测的人数 $p \geqslant N$. 试设计将感染新型冠状病毒的人检测出来的 (关于核酸试剂消耗的) 高效的检测方法.

5. 试比较 π 的近似 π_n^* 和 $\pi_n^{**} \equiv \pi_n + \dfrac{\pi_n^3}{3!} \left(\dfrac{1}{n}\right)^2$ 的计算量和计算精度.

6. 试找出与 n (和 π) 无关的常数 α 和 β 使得

$$\alpha \pi_n^* + \beta \pi_n^{**} = \pi + \mathcal{O}(n^{-6}), \ n = 1, 2, \cdots.$$

7. 设 $(X, \|\cdot\|)$ 是 Banach 空间, $u_n \in X (n = 1, 2, \cdots)$ 是 $u \in X$ 的逼近, 满足

$$u_n = u + w(u)n^{-2} + r_n(u),$$

其中 $w(u), r_n(u) \in X$ 且

$$\|r_n(u)\| \ll n^{-2}.$$

试构造 u 的高精度逼近.

8. 是否存在与 n 无关的常数 $C > 0$ 使得

$$|\pi - \pi_n| \leqslant C \frac{\pi_n^3}{n^2}, \quad n = 1, 2, \cdots$$

成立? 如果存在, 那么试确定 C 的取值范围.

9. 设 $\{x_n\} \subset (-\infty, \infty)$ 收敛到 x^*, $x_n \neq x^*$, $\forall n = 1, 2, \cdots$, 且

$$\lim_{n \to \infty} \frac{x_{n+1} - x^*}{x_n - x^*} = \alpha \neq 1.$$

记

$$y_n = x_n - \frac{(x_{n+1} - x_n)^2}{x_{n+2} - 2x_{n+1} + x_n}.$$

试证明:

$$\lim_{n \to \infty} \frac{y_n - x^*}{x_n - x^*} = 0,$$

即 y_n 比 x_n 更快地收敛到 x^*. 这就是所谓的 Aitken (艾特肯) 加速收敛方法.

10. 设函数 f 解析. 记 $\mathrm{Im}f$ 为函数 f 的虚部, i 为虚数单位. 试讨论导数 f' 在 x_0 的中心差分逼近

$$f'(x_0) \approx \frac{f(x_0 + h) - f(x_0 - h)}{2h}$$

与逼近

$$f'(x_0) \approx \frac{\mathrm{Im}f(x_0 + ih)}{h}$$

之效果.

11. 函数逼近、最优化计算方法与连续、离散动力系统在数据科学与机器学习的应用中是如何发挥作用的?

第二章 逼近论基础

计算机只能处理离散模型问题, 只能进行有限运算或操作, 因此, 连续问题的求和、求根与求极值需要用离散问题的求和、求根与求极值来逼近, 并且离散问题应尽可能地规模小、逼近精度高. 大规模 (离散) 问题的求和、求根与求极值也往往需要用小规模离散问题的求和、求根与求极值来近似.

这一章我们将讨论如何有效地利用部分或有限的数据, 在计算机上近似地表示或重构或拟合成 Banach 函数空间 X 上的函数 f, 同时为有效地在计算机上刻画空间 X 上的算子 T 提供数学基础. 具体地, 如果在 X 中我们考虑它的有限维子空间 X_n 及其相应的投影 $P_n f$ 和 $P_n T$, 其中 $P_n : X \longrightarrow X_n$ 是投影算子, 那么我们就会有如下四类问题:

(1) 给定有限维空间 X_n 以及函数 $f_n \in X_n$ 或空间 X_n 上的算子 T_n, 寻找空间 X_n 的合适的基 $\phi_1, \phi_2, \cdots, \phi_n$, 使得 f_n 或 T_n 在 X_n 上被表示出来.

(2) 给定函数 $f \in X$ 以及有限维空间 $X_n \subset X$, 找最优的 $f_n \equiv P_n f \in X_n$ 逼近 f, 即

$$\|f - f_n\| = \min_{g \in X_n} \|f - g\|.$$

不同的范数, 不同的度量, 结论不一样.

(3) 给定 n 以及 $f \in X$ 或空间 X 上算子 T, 寻找空间 X 中合适的线性无关向量 $\phi_1, \phi_2, \cdots, \phi_n$, 使得 f 或 T 在 $\mathrm{span}\{\phi_1, \phi_2, \cdots, \phi_n\}$ 上的性质能有效地刻画或逼近函数 f 或算子 T. 这就是所谓的非线性逼近问题[①].

(4) 给定有限数据 $a_j (j = 1, 2, \cdots, n)$ (以及隐式地给出函数空间 X), (在 X 中) 寻找合适的 $\phi_1, \phi_2, \cdots, \phi_n$ 使得组合

$$f_n = \sum_{j=1}^{n} a_j \phi_j$$

能有效地逼近与刻画未知的函数 f, 而函数 f 的值域包含了数据 $\{a_j : j = 1, 2, \cdots, n\}$. 数据的不同表示, 其逼近性能会不同.

我们首先想到的是: 用最简单的函数来逼近复杂函数. 多项式是一类简单函数. 关于多项式函数逼近, 我们有如下经典的结论 (这里及以后均假设 $-\infty < a < b < \infty$):

定理 2.0.1 (Weierstrass (魏尔斯特拉斯) 定理)　*一元代数多项式全体在连续函数空间 $C[a, b]$ 中稠密.*

连续函数也可用非多项式函数来逼近[②], 从而拓广了函数逼近的逼近性能与应用场景. 给定 $\mathbb{R}$ 上的函数 σ, 称

$$\Sigma(\sigma) = \mathrm{span}\{\sigma(\omega x + b) : \omega, b \in \mathbb{R}\}$$

为**神经网络函数空间**. 此时, 我们称 σ 为**激活函数**. 空间 $\Sigma(\sigma)$ 还可以赋予拓扑结构[③]. 如下结论表明: 连续函数等均可用神经网络函数来

---

① 自适应有限元逼近便是典型的解决这类问题的有效方法.

② PINKUS A. Density in approximation theory. Surveys in Approximation Theory, 2005, 1: 1-45.

③ E W, MA C, WU L. The Barron space and the flow-induced function spaces for neural network models. Constructive Approx., 2022, 55: 369-406.

逼近[1].

定理 2.0.2　设 σ 是 Riemann (黎曼) 可积函数, 满足

$$|\sigma(t)| \leqslant C(1 + |t|)^p, \quad \forall t \in \mathbb{R},$$

其中 $C > 0, p \in [1, \infty)$, 那么当 σ 不是多项式时, $\Sigma(\sigma)$ 在 $C[a, b]$ 中稠密.

科学与工程研究和应用中涉及的很多问题并没有或难以预先给出相应的函数空间及其所用来逼近的一系列有限维函数子空间[2]. 人们往往只知道与某函数 f 相关的 (既没有代数结构, 也没有拓扑结构的) 数据或函数值集合 D_f, 但是要求函数 f 或 f 的近似. 这类问题往往需要根据应用场景, 并利用优化方法或利用动力学思想, 不断地学习和迭代计算得到一系列具有代数结构和拓扑结构的有限维函数子空间以及真解所在的函数空间 (的近似). 如果人们知道应用场景更多的信息 (如其物理机理), 那么这一学习或迭代过程会更有效更快. 这个重要的内容我们这里不直接涉及.

2.1　有限维函数空间及其基

一元代数多项式空间 $\mathbb{P}_n \equiv \mathrm{span}\{1, x, x^2, \cdots, x^n\}$ 与一元三角多项式空间 $\mathbb{T}_n \equiv \mathrm{span}\{1, \cos x, \sin x, \cdots, \cos nx, \sin nx\}$ 是两类最简单的

---

[1] LESHNO M, LIN V Y, PINKUS A, SCHOCKEN S. Multilayer feedforward networks with a nonpolynomial activation functions can approximate any function. Neural Networks, 1993, 6: 861-867.

新进展可参见

YAROTSKY D. Optimal approximation of continuous functions by very deep ReLU networks. Proc. Mach. Learn. Res., 2018, 75: 639-649;

SHEN Z, YANG H, ZHANG S. Deep network approximation: achieving arbitrary accuracy with fixed number of neurons. J. Mach. Learn. Res., 2022, 23: 1-60

及其所引文献.

[2] 这里的函数空间可以是非线性向量空间. 本书其他地方所提及的函数空间均是线性空间.

也是最重要的有限维函数空间. 而 $\mathbb{T}_n$ 中的函数是 $[-\pi, \pi]$ 上的正交多项式.

多项式函数空间 $\mathbb{P}_n$ 可用不同的基张成, 而函数用不同的基表示所起的效果也会不同. 习惯上, 冠由不同的基张成的 $\mathbb{P}_n$ 以不同名字.

(1) 若记

$$\phi_0(x) = 1, \phi_j(x) = \frac{1}{2^j j!} \frac{\mathrm{d}^j}{\mathrm{d}x^j}((x^2 - 1)^j), \quad j = 1, 2, \cdots, \qquad (2.1)$$

则 $\mathbb{P}_n = \mathrm{span}\{\phi_j : j = 0, 1, 2, \cdots, n\}$, 且 $\{\phi_j\}_{j=0}^\infty$ 是 $[-1, 1]$ 上的正交多项式:

$$\int_{-1}^1 \phi_j(x)\phi_l(x)\mathrm{d}x = \delta_{jl} \cdot \frac{2}{2j+1}, \quad j, l = 0, 1, 2, \cdots,$$

并满足

$$-((1 - x^2)\phi_j'(x))' = j(j+1)\phi_j(x), \quad j = 1, 2, \cdots.$$

$\phi_j(x)$ $(j = 0, 1, 2, \cdots)$ 称为 Legendre (勒让德) 多项式, 相应地, $\mathbb{P}_n$ 称为 Legendre 多项式空间.

(2) 若记

$$\phi_j(x) = \cos(j\arccos x), \quad j = 0, 1, 2, \cdots, \qquad (2.2)$$

则 $\mathbb{P}_n = \mathrm{span}\{\phi_j : j = 0, 1, 2, \cdots, n\}$, 且 $\{\phi_j\}_{j=0}^\infty$ 是 $[-1, 1]$ 上带权函数 $\omega(x) = \dfrac{1}{\sqrt{1 - x^2}}$ 的正交多项式:

$$\int_{-1}^1 \frac{1}{\sqrt{1 - x^2}} \phi_j(x)\phi_l(x)\mathrm{d}x = \begin{cases} 0, & j \neq l, \\ \pi/2, & j = l \neq 0, \\ \pi, & j = l = 0, \end{cases}$$

并满足

$$-\left(\sqrt{1 - x^2}\phi_j'(x)\right)' = \frac{j^2}{\sqrt{1 - x^2}}\phi_j(x), \quad j = 1, 2, \cdots.$$

不难知道, $\phi_0(x) = 1, \phi_1(x) = x, \phi_2(x) = 2x^2 - 1, \phi_3(x) = 4x^3 - 3x$, 而 $\phi_n(x)$ 的首项系数为 $A_n = 2^{n-1}$. 此时, $\mathbb{P}_n$ 称为 Chebyshev (切比雪夫) 多项式空间.

多项式空间 $\mathbb{P}_n$ 还可用涉及样本点 $x_0, x_1, x_2, \cdots, x_n \in [a,b]$ $(-\infty < a < b < \infty)$ 的基来生成.

(3) 若记

$$l_j(x) = \prod_{k=0, k \neq j}^{n} \frac{x - x_k}{x_j - x_k}, \quad j = 0, 1, 2, \cdots, n,$$

则 $\mathbb{P}_n = \text{span}\{l_j : j = 0, 1, 2, \cdots, n\}$, 且 $\{l_j\}_{j=0}^{n}$ 满足

$$l_j(x_l) = \delta_{jl}, \quad j, l = 0, 1, 2, \cdots, n.$$

此时, $\mathbb{P}_n$ 称为 Lagrange (拉格朗日) 多项式空间.

(4) 若记

$$\omega_0(x) = 1, \omega_j(x) = \prod_{l=0}^{j-1} (x - x_l), \quad j = 1, 2, \cdots, n, \tag{2.3}$$

则 $\mathbb{P}_n = \text{span}\{\omega_j : j = 0, 1, 2, \cdots, n\}$. 此时, 称 $\mathbb{P}_n$ 中的元素为 Newton 多项式.

有理多项式空间 $\mathbb{R}_{n,m} = \left\{ \dfrac{\sum\limits_{j=0}^{n} a_j x^j}{\sum\limits_{j=0}^{m} b_j x^j} : a_j, b_j \in \mathbb{R} \right\}$、径向基函数空

间以及激活函数诱导出的有限维函数空间[①] 等都有许多重要的应用场景. 此外, 还有一类在信号处理等领域有重要应用的 Shannon (香农) 多项式空间

---

①SIEGEL J W, XU J. High-order approximation rates for shallow neural networks with cosine and ReLU^k activation functions. Appl. Comput. Harmon. Anal., 2022, 58: 1–26.

$$\mathbb{S}_n = \text{span}\left\{ \frac{\sin \pi(x-j)}{\pi(x-j)} : j = 0, \pm 1, \pm 2, \cdots, \pm n \right\}$$

$$= \text{span}\{\text{sinc}\,(x-j) : j = 0, \pm 1, \pm 2, \cdots, \pm n\},$$

其中

$$\text{sinc}\,t = \begin{cases} \dfrac{\sin \pi t}{\pi t}, & t \neq 0, \\ 1, & t = 0. \end{cases}$$

若更多涉及样本点或数据的信息, 则有分片多项式空间, 包括有限元空间、小波函数空间与样条函数空间等. 有限元空间可由标准的有限元基生成, 亦可用分层基/等级基或小波基生成.

不难看出整体多项式表现出一种整体、全局性质, 可方便用来刻画低频; 而分片多项式则具有更多的局部性质, 往往可用来刻画 (局部) 高频. 把局部性质考虑进来能有效地捕捉到高频. 另外, Lagrange 多项式和 Newton 多项式较基本多项式 x^k 有更好的局部性质.

为了更好地刻画有限维函数空间的逼近性, 我们引入范数进行度量.

定义 2.1.1 $\mathbb{R}^n$ (或 $\mathbb{C}^n$) 中的 p-范数 (亦称 Hölder (赫尔德) 范数) 定义如下:

$$\|x\|_p = \begin{cases} \left(\displaystyle\sum_{j=1}^{n} |\xi_j|^p \right)^{\frac{1}{p}}, & 1 \leqslant p < \infty, \\ \displaystyle\max_{1 \leqslant j \leqslant n} |\xi_j|, & p = \infty, \end{cases} \tag{2.4}$$

其中 $x = (\xi_1, \xi_2, \cdots, \xi_n)^{\mathrm{T}} \in \mathbb{R}^n$ (或 $\mathbb{C}^n$).

注记 2.1.1 有限维空间上的任何范数等价, 从而维数为 n 的有限维空间与 $\mathbb{R}^n$ (或 $\mathbb{C}^n$) 同构. 有限维空间上的任何线性泛函连续.

2.2　多项式插值

把一些样本点上的数据拟合起来最简单的方法就是**插值**. 这种简单拟合得到的函数性质自然依赖于所选择的函数空间. 如何选择符合需要的函数空间则是相当困难的问题. 这里, 我们主要讨论一元代数多项式空间内的插值.

首先由代数基本定理, 我们有

定理 2.2.1　对给定不同的点 $x_0, x_1, x_2, \cdots, x_n \in [a, b]$ 及值 $y_0, y_1, y_2, \cdots, y_n \in \mathbb{R}$, 均存在唯一的 $p_n \in \mathbb{P}_n$ 使得

$$p_n(x_j) = y_j, \quad j = 0, 1, 2, \cdots, n, \tag{2.5}$$

其中 p_n 在不同基下的表示式可能不一样.

证明　显然

$$p_n(x) = \sum_{j=0}^{n} y_j l_j(x) \tag{2.6}$$

满足 (2.5) 式, 其中 $l_j(x)$ 为 Lagrange 多项式. 往证唯一性. 若 $\tilde{p}_n \in \mathbb{P}_n$ 满足

$$\tilde{p}_n(x_j) = y_j, \quad j = 0, 1, 2, \cdots, n,$$

则 $(p_n - \tilde{p}_n)(x)$ 在 $[a, b]$ 上有 $n+1$ 个不同的零点, 故由代数基本定理知

$$p_n - \tilde{p}_n \equiv 0,$$

即 $\tilde{p}_n = p_n$.　　　　　　　　　　　　　　　　　　　　　　　　□

以下我们约定: 如无特殊说明, 所涉及的样本点或节点 $x_0, x_1, x_2, \cdots, x_n, \cdots$ 均互不相同.

定义 2.2.1 给定 $x_0, x_1, x_2, \cdots, x_n \in [a,b]$. 如果

$$(L_n f)(x_j) = f(x_j), \quad \forall f \in C[a,b], \quad j = 0, 1, 2, \cdots, n,$$

那么称线性算子 $L_n : C[a,b] \longrightarrow \mathbb{P}_n$ 为 Lagrange 插值算子.

显然, 插值算子 L_n 是 $C[a,b]$ 到 $\mathbb{P}_n$ 上的投影算子, 即

(1) $L_n p = p, \ \forall p \in \mathbb{P}_n$;

(2) $L_n^2 = L_n$.

定理 2.2.2 设 $f \in C^{n+1}[a,b]$, 则 Lagrange 插值算子 L_n 满足

$$f(x) - (L_n f)(x) = \frac{f^{(n+1)}(\xi)}{(n+1)!} \omega_{n+1}(x), \quad x \in [a,b], \qquad (2.7)$$

其中 $\xi \in [a,b]$ 并依赖于 x.

证明 当 $x = x_j (j = 0, 1, 2, \cdots, n)$ 时, 等式 (2.7) 显然成立. 对 $x \in [a,b] \setminus \{x_0, x_1, x_2, \cdots, x_n\}$, 定义

$$g(y) = f(y) - (L_n f)(y) - \omega_{n+1}(y) \frac{f(x) - (L_n f)(x)}{\omega_{n+1}(x)}, \quad y \in [a,b],$$

其中 $\omega_{n+1}(\cdot)$ 为 Newton 多项式.

由条件 $f \in C^{n+1}[a,b]$ 知, $g \in C^{n+1}[a,b]$. 注意到

$$g(y) = 0, \quad y = x, x_0, x_1, x_2, \cdots, x_n.$$

我们由 Rolle (罗尔) 定理归纳得到: $g^{(n+1)}(x)$ 在 $[a,b]$ 上至少有一零点, 不妨记为 ξ. 这表明, 我们有

$$0 = f^{(n+1)}(\xi) - (n+1)! \frac{f(x) - (L_n f)(x)}{\omega_{n+1}(x)}.$$

因此, 我们证得 (2.7) 式. □

推论 2.2.1 若 $f \in C^{n+1}[a,b]$ 且 $\sup\limits_{n \geqslant 1} \|f^{(n+1)}\|_{C[a,b]} < \infty$, 则

$$\lim_{n\to\infty}\|L_nf-f\|_{C[a,b]}=0.$$

但一般未必有上式.

例 2.2.1 Runge 现象 (1901): 考虑

$$f(x)=\frac{1}{1+25x^2},\quad x\in[-1,1].$$

用等距剖分点 $x_j=\pm j/n, j=0,1,2,\cdots,n$ 构造 Lagrange 插值 L_nf,
则

(1) 当 $|x|\leqslant 0.726$ 时, $\displaystyle\lim_{n\to\infty}L_nf(x)=f(x)$;

(2) 当 $0.726\leqslant|x|\leqslant 1$ 时, $L_nf(x)$ 发散;

(3) 存在常数 $C>0$ 使得 $|f^{(n)}(1)|\geqslant 2^nC, n=0,1,2,\cdots$.

例 2.2.2 考虑函数

$$f(x)=\begin{cases} x\sin\dfrac{\pi}{x}, & x\in(0,1],\\ 0, & x=0 \end{cases}$$

与插值点

$$x_j=\frac{1}{j+1},\quad j=0,1,2,\cdots,n,$$

我们有 $f(x_j)=0, j=0,1,2,\cdots,n$. 这样, $L_nf(x)\equiv 0$. 于是, Lagrange
插值 L_nf 只在 x_j 上收敛到 f.

　　一般地, 我们由 Weierstrass 定理和 Chebyshev 交替定理依然有如
下的结论[14].

定理 2.2.3 (Marcinkiewicz (马钦凯维奇) 定理)　对任何 $f\in C[a,b]$,
存在

$$\{x_j^{(n)}:j=0,1,2,\cdots,n;\ n=0,1,2,\cdots\}$$

使得 Lagrange 插值 L_nf 满足

$$(L_nf)(x_j^{(n)}) = f(x_j^{(n)}), \quad j = 0, 1, 2, \cdots, n,$$

且在 $[a, b]$ 上一致地收敛到 f.

定理 2.2.4 (Faber (法贝尔) 定理) 对任何序列 $\{x_j^{(n)} : j = 0, 1, 2, \cdots, n; \ n = 0, 1, 2, \cdots\}$, 存在 $f \in C[a, b]$ 使得 Lagrange 插值 $L_nf \in \mathbb{P}_n$ 不一致收敛于 f.

证明 这是 Banach-Steinhaus 定理的推论. 若 L_nf 一致地收敛于 f, 则由 Banach-Steinhaus 定理知, 作为 $C[a, b]$ 上的算子, 有

$$\sup_{n \geqslant 1} \|L_n\| < \infty.$$

而事实上[1]

$$\inf_{n \geqslant 1} (\|L_n\|/(n \ln n)) > 0,$$

矛盾. □

当 $\mathbb{P}_n$ 用 $\mathbb{T}_n$ 代替时, 也有类似的结论.

我们指出: 当 $f(x)$ 不可微时, 我们也可得到类似于 (2.7) 式的表达式. 这时, 我们需要将微分用差商来代替.

给定不同的点 $x_0, x_1, x_2, \cdots, x_m, \cdots$, 归纳地定义连续函数 $f(x)$ 的各阶差商如下

$$f[x_j] = f(x_j), \ j = 0, 1, 2, \cdots, m, \cdots,$$

$$f[x_i, x_{i+1}, \cdots, x_{i+k}] = \frac{f[x_{i+1}, x_{i+2}, \cdots, x_{i+k}] - f[x_i, x_{i+1}, \cdots, x_{i+k-1}]}{x_{i+k} - x_i},$$

$$k = 1, 2, \cdots, m - i; \ i = 0, 1, \cdots, m - 1.$$

---

[1] DAVIS P J. Interpolation and Approximation. Waltham: Blaisdell Publishing Company, 1963.

定理 2.2.5　设 $f \in C[a,b]$.

(1) 成立

$$f[x_0, x_1, x_2, \cdots, x_n] = \sum_{j=0}^{n} \frac{f(x_j)}{\displaystyle\prod_{l=0, l \neq j}^{n} (x_j - x_l)}. \tag{2.8}$$

(2) 差商值与所含节点的排列次序无关, 即

$$f[x_0, x_1, x_2, \cdots, x_n] = f[x_{i_0}, x_{i_1}, x_{i_2}, \cdots, x_{i_n}],$$

其中 $\{i_0, i_1, i_2, \cdots, i_n\}$ 是 $\{0, 1, 2, \cdots, n\}$ 的任意排序.

(3) 若 $f \in C^n[a,b]$, 则

$$f[x_0, x_1, x_2, \cdots, x_n] = \frac{f^{(n)}(\xi)}{n!}, \tag{2.9}$$

其中 $\xi \in (\min\{x_0, x_1, x_2, \cdots, x_n\}, \max\{x_0, x_1, x_2, \cdots, x_n\})$, 并依赖于 x.

定理 2.2.6　设 $f \in C[a,b]$. 若 $x \in [a,b] \setminus \{x_0, x_1, x_2, \cdots, x_n\}$, 则

$$f(x) - (L_n f)(x) = f[x, x_0, x_1, x_2, \cdots, x_n]\omega_{n+1}(x), \quad x \in [a,b]. \tag{2.10}$$

定义 2.2.2　给定 $x_0, x_1, x_2, \cdots, x_n \in [a,b]$. 称 $C[a,b]$ 上由

$$(N_n f)(x) = f[x_0] + f[x_0, x_1]\omega_1(x) + \cdots + f[x_0, x_1, x_2, \cdots, x_n]\omega_n(x) \tag{2.11}$$

定义的线性算子 N_n 为 Newton 插值算子.

简单的推导有

定理 2.2.7　算子 N_n 是 $C[a,b]$ 到 $\mathbb{P}_n$ 上的投影算子且

$$(N_n f)(x_j) = f(x_j), j = 0, 1, 2, \cdots, n, \tag{2.12}$$

$$(N_n f)(x) = (N_{n-1} f)(x) + f[x_0, x_1, x_2, \cdots, x_n]\omega_n(x). \tag{2.13}$$

等式 (2.12) 表明:

$$(N_n f)(x) = (L_n f)(x), \quad x \in [a, b], n = 0, 1, 2, \cdots ;$$

而等式 (2.13) 表明: Newton 插值可以很方便地进行自适应构造次数从低到高的插值多项式. 因此, Newton 插值比 Lagrange 插值有优势[①].

下面我们介绍 Hermite (埃尔米特) 插值.

定义 2.2.3 给定 $x_0, x_1, x_2, \cdots, x_n \in [a, b]$, 如果

$$(H_n f)(x_j) = f(x_j), \ (H_n f)'(x_j) = f'(x_j),$$

$$\forall f \in C^1[a, b], \ j = 0, 1, 2, \cdots, n,$$

那么称线性算子 $H_n : C^1[a, b] \longrightarrow \mathbb{P}_{2n+1}$ 为 Hermite 插值算子.

类似地, 我们可以证明: Hermite 插值存在唯一. 通过待定系数法, 我们还可得到

命题 2.2.1 Hermite 插值算子可以表示为

$$(H_n f)(x) = \sum_{j=0}^{n} \alpha_j(x) f(x_j) + \beta_j(x) f'(x_j), \ \forall f \in C^1[a, b], \qquad (2.14)$$

其中

$$\alpha_j(x) = \left(1 - 2(x - x_j) l_j'(x_j)\right) l_j^2(x),$$

$$\beta_j(x) = (x - x_j) l_j^2(x).$$

为便于在计算机上实现 Hermite 插值, 我们可把 (2.14) 式重新表达为

$$(H_n f)(x) = \sum_{j=0}^{n} a_j(x) \left(f(x_j) + (x_j - x)(2 b_j f(x_j) - f'(x_j))\right), \qquad (2.15)$$

---

① 进一步讨论参见: BERZINS M. Adaptive polynomial interpolation on evenly spaced meshes. SIAM Review, 2007, 49: 604—627.

其中

$$a_j(x) = l_j^2(x), \quad b_j = l_j'(x_j).$$

类似于定理 2.2.2, 我们有[①]

定理 2.2.8　设 $f \in C^{2n+2}[a,b]$, 则 Hermite 插值算子 H_n 满足

$$f(x) - (H_n f)(x) = \frac{f^{(2n+2)}(\xi)}{(2n+2)!}\omega_{n+1}^2(x), \quad x \in [a,b], \tag{2.16}$$

其中 $\xi \in [a,b]$ 并依赖于 x.

2.3　最佳逼近与函数展开

本节讨论如何在给定的有限维函数空间中找到最佳的函数逼近. 不同的度量, 最佳结果会不同.

我们知道维数为 n 的任何有限维空间均可等距同构于 $\mathbb{R}^n$. 对于 $\mathbb{R}^n$, 最自然的范数是其 Euclid (欧几里得) 范数

$$\|x\| = \left(\sum_{j=1}^n \xi_j{}^2\right)^{1/2}, \quad x = (\xi_1, \xi_2, \cdots, \xi_n)^{\mathrm{T}} \in \mathbb{R}^n.$$

该范数诱导出一内积 $(\cdot, \cdot)$:

$$(x, y) = \sum_{j=1}^n \xi_j \eta_j, \quad x = (\xi_1, \xi_2, \cdots, \xi_n)^{\mathrm{T}}, \ y = (\eta_1, \eta_2, \cdots, \eta_n)^{\mathrm{T}}.$$

$(\mathbb{R}^n, (\cdot, \cdot))$ 是 Hilbert (希尔伯特) 空间. 与 $\mathbb{R}^n$ 相应的无限维空间是 $\mathbb{R}^\infty$, 通常记为 l^2:

$$\|x\| = \left(\sum_{j=1}^\infty \xi_j{}^2\right)^{1/2}, \quad x = (\xi_1, \xi_2, \cdots, \xi_i, \cdots)^{\mathrm{T}} \in l^2,$$

---

① DAVIS P J. Interpolation and Approximation. Waltham: Blaisdell Publishing Company, 1963.

相应的内积为

$$(x, y) = \sum_{j=1}^{\infty} \xi_j \eta_j.$$

$(l^2, (\cdot, \cdot))$ 也是 Hilbert 空间. 这是一离散形式, 其连续形式是 $L^2[-1, 1]$ (及 $L^2(-\infty, \infty)$), 相应的范数与内积分别是

$$\|f\| = \left(\int_{-1}^{1} f^2(x) \mathrm{d}x \right)^{1/2}, \quad (f, g) = \int_{-1}^{1} f(x)g(x) \mathrm{d}x,$$

$(L^2, \|\cdot\|)$ 是 Hilbert 空间. 还有加权 ($\omega = (\omega_1, \omega_2, \cdots, \omega_n)(\omega_j > 0, j = 1, 2, \cdots, n)$ 或 $\omega \geqslant 0$) 的序列/函数空间:

$$\mathbb{R}_\omega^n = \{x \in \mathbb{R}^n : \|x\| < \infty, \quad x = (\xi_1, \xi_2, \cdots, \xi_n)^{\mathrm{T}}\},$$

其上的范数与内积分别为

$$\|x\|_\omega = \left(\sum_{j=1}^{n} \xi_j{}^2 \omega_j \right)^{1/2},$$

$$(x, y)_\omega = \sum_{j=1}^{n} \omega_j \xi_j \eta_j,$$

其中 $x = (\xi_1, \xi_2, \cdots, \xi_n)^{\mathrm{T}}, y = (\eta_1, \eta_2, \cdots, \eta_n)^{\mathrm{T}} \in \mathbb{R}_\omega^n$;

$$l_\omega^2 = \{x \in \mathbb{R}^\infty : \|x\|_\omega < \infty, \quad x = (\xi_1, \xi_2, \cdots, \xi_j, \cdots)^{\mathrm{T}}\},$$

其上的范数与内积分别为

$$\|x\|_\omega = \left(\sum_{j=1}^{\infty} \xi_j{}^2 \omega_j \right)^{1/2},$$

$$(x, y)_\omega = \sum_{j=1}^{\infty} \omega_j \xi_j \eta_j,$$

其中 $x = (\xi_1, \xi_2, \cdots, \xi_i, \cdots)^{\mathrm{T}}, y = (\eta_1, \eta_2, \cdots, \eta_i, \cdots)^{\mathrm{T}} \in l_\omega^2$;

$$L_\omega^2[-1, 1] = \{f : \|f\|_\omega < \infty\},$$

其上的范数与内积分别为

$$\|f\|_\omega = \left(\int_{-1}^1 f^2 \omega \mathrm{d}x \right)^{1/2},$$

$$(f,g)_\omega = \int_{-1}^1 fg\omega \mathrm{d}x, \quad f,g \in L_\omega^2[-1,1].$$

上述空间均是 Hilbert 空间.

我们下面先在一般的 Hilbert 空间上讨论逼近与展开. 设 $(X,(\cdot,\cdot))$ 是 Hilbert 空间, 其诱导范数为 $\|\cdot\|$. 又设 $X_n = \mathrm{span}\{x_i : i = 1,2,\cdots,n\}$, 即 $x_1, x_2, \cdots, x_n$ 为其基. 这时最佳逼近问题变为: 对于 X 中给定的 x, 求 $x_1, x_2, \cdots, x_n$ 的线性组合使其在 X 中逼近 x 最佳, 即寻找 $\alpha_1, \alpha_2, \cdots, \alpha_n$ 使得

$$\{\alpha_1, \alpha_2, \cdots, \alpha_n\} = \arg\min \left\{ \left\| x - \sum_{j=1}^n \beta_j x_j \right\| : \beta_j \in \mathbb{R} \right\}. \tag{2.17}$$

显然, (2.17) 式成立当且仅当

$$\left(x - \sum_{j=1}^n \alpha_j x_j, x_l \right) = 0, \quad l = 1,2,\cdots,n. \tag{2.18}$$

由于 $x_1, x_2, \cdots, x_n$ 的线性无关等价于由 $x_1, x_2, \cdots, x_n$ 构成的 Gram (格拉姆) 行列式 $\Delta_n = \det\left((x_j, x_l)\right)_{1\leqslant j,l\leqslant n} \neq 0$, 故我们得到

命题 2.3.1 方程 (2.18) 有解

$$\alpha_j = \Delta_n^{(j)}/\Delta_n (j=1,2,\cdots,n),$$

且由 (2.17) 式得到的最小值为

$$\Delta(x, x_1, x_2, \cdots, x_n)/\Delta_n,$$

其中记 $\Delta_n = \Delta(x_1, x_2, \cdots, x_n)$, 而 $\Delta_n^{(j)}$ 是将 Δ_n 中的第 j 列换成

$$((x,x_1),(x,x_2),\cdots,(x,x_n))^{\mathrm{T}}$$

而得到的行列式, 而 $\Delta(x, x_1, x_2, \cdots, x_n)$ 是由 $x, x_1, x_2, \cdots, x_n$ 构成的 Gram 行列式.

上述结论是抽象的, 实际计算中指导作用不大. 在 Hilbert 空间中, 所有基里面最重要的应该是标准正交基.

命题 2.3.2 若 $\{e_j : j = 1, 2, \cdots\}$ 是 Hilbert 空间 X 中的标准正交组, 即 $(e_j, e_l) = \delta_{jl}(j, l = 1, 2, \cdots)$, 则有 Bessel (贝塞尔) 不等式

$$\sum_{j=1}^{n} |(x, e_j)|^2 \leqslant \|x\|^2, \quad \forall x \in X, \quad \forall n = 1, 2, \cdots.$$

若 $\{e_j : j = 1, 2, \cdots\}$ 是标准正交基, 即 $\forall x \in X$ 都有

$$x = \sum_{j=1}^{\infty} (x, e_j) e_j,$$

则 Parseval (帕塞瓦尔) 等式

$$\sum_{j=1}^{\infty} (x, e_j)^2 = \|x\|^2, \quad \forall x \in X$$

成立.

接下来, 我们介绍几类典型的多项式展开与逼近. 称 $u \in L^2[-1, 1]$ 在 $\mathbb{P}_n$ 上关于范数 $\|\cdot\|$:

$$\|u\| = \left(\int_{-1}^{1} u^2(x) \mathrm{d}x \right)^{1/2}$$

的最佳逼近

$$P_n u = \sum_{j=0}^{n} \alpha_j \phi_j$$

为 Legendre 逼近, 其中 ϕ_j 由 (2.1) 式确定且

$$\alpha_j = \left(j + \frac{1}{2} \right) (\phi_j, u).$$

可以证明: $\|u - P_n u\| \to 0$ 且 [5]

$$\|u - P_n u\| \leqslant C n^{-s} \|u\|_s, \quad s \geqslant 0,$$

$$\|(u - P_n u)'\| \leqslant C n^{3/2-s} \|u\|_s, \quad s \geqslant 1,$$

其中 $\|\cdot\|_s$ 为 Sobolev (索伯列夫) 空间

$$H^s[-1,1] = \{u \in L^2[-1,1] : u^{(t)} \in L^2[-1,1], 0 \leqslant t \leqslant s\}$$

的范数:

$$\|u\|_s = \left(\sum_{t=0}^{s} \|u^{(t)}\|^2\right)^{1/2}.$$

而称

$$u = \sum_{j=0}^{\infty} \alpha_j \phi_j.$$

为 u 的 Legendre 展开.

记 $(1 - x^2)\phi_n'(x)$ 在 $[-1,1]$ 上的 $n+1$ 个零点为

$$x_0 < x_1 < x_2 < \cdots < x_n,$$

我们称之为 Legendre-Gauss-Lobatto (勒让德–高斯–洛巴托) 点, 它们关于 $x = 0$ 对称分布. 设

$$w_j = \frac{2}{n(n+1)} \frac{1}{\phi_n^2(x_j)}, \quad j = 0, 1, 2, \cdots, n,$$

则存在 $C > 0$ 满足

$$\frac{2}{n(n+1)} \leqslant w_j \leqslant \frac{C}{n}, \quad j = 0, 1, 2, \cdots, n.$$

在 $L^2[-1,1]$ 中定义离散内积和离散范数:

$$(u, v)_n = \frac{2}{n(n+1)} \sum_{j=0}^{n} \frac{1}{\phi_n^2(x_j)} u(x_j) v(x_j) = \sum_{j=0}^{n} w_j u(x_j) v(x_j),$$

$$|||u|||_n = \left(\frac{2}{n(n+1)} \sum_{j=0}^{n} \frac{1}{\phi_n^2(x_j)} u^2(x_j) \right)^{1/2}.$$

于是

$$\|u\| \leqslant |||u|||_n \leqslant \left(2 + \frac{1}{n} \right)^{1/2} \|u\|, \quad \forall u \in \mathbb{P}_n.$$

我们还有 [5]

命题 2.3.3 *插值*

$$I_n u = \sum_{j=0}^{n} \alpha_j \phi_j$$

是 $u \in C[-1,1]$ 关于范数 $|||\cdot|||_n$ 在 $\mathbb{P}_n$ 中的最佳逼近, 其中

$$\alpha_j = \left(j + \frac{1}{2} \right) \sum_{l=0}^{n} w_l u(x_l) \phi_n(x_l), \ j = 0, 1, 2, \cdots, n-1,$$

$$\alpha_n = \frac{n}{2} \sum_{l=0}^{n} w_l u(x_l) \phi_n(x_l).$$

不难知道

$$I_n u(x_j) = u(x_j), \quad j = 0, 1, 2, \cdots, n.$$

故 I_n 称为 Legendre 插值. 进一步, 我们有 [5]

定理 2.3.1 对任何 $u \in H^s[-1,1](s \geqslant 1)$ 有

$$n\|u - I_n u\| + \|(u - I_n u)'\| \leqslant Cn^{1-s}\|u\|_s.$$

Chebyshev 多项式是另一个用来逼近的特殊函数类. 对 $\omega(x) = \dfrac{1}{\sqrt{1-x^2}}$, $u \in L_\omega^2[-1,1]$ 在 $\mathbb{P}_n$ 上的关于范数 $\|\cdot\|$:

$$\|u\|_\omega = \left(\int_{-1}^{1} u^2(x)\omega(x)\mathrm{d}x \right)^{1/2}$$

的最佳逼近为

$$P_n u = \sum_{j=0}^{n} \alpha_j \phi_j,$$

其中 ϕ_j 由 (2.2) 式确定且

$$\alpha_j = \frac{2}{\pi c_j} \int_{-1}^{1} u(x)\phi_j(x)\frac{\mathrm{d}x}{\sqrt{1-x^2}}, \quad c_j = \begin{cases} 2, & j = 0, \\ 1, & j \geqslant 1. \end{cases}$$

又

$$\|u\|_{s,\omega} = \left(\sum_{t=0}^{s} \|u^{(t)}\|_{\omega}^2\right)^{1/2},$$

称 $P_n u$ 为 Chebyshev 投影, 它满足 [5]

$$\|u - P_n u\|_{0,\omega} \leqslant Cn^{-s}\|u\|_{s,\omega}, \quad s \geqslant 0,$$

$$\|(u - P_n u)'\|_{0,\omega} \leqslant Cn^{3/2-s}\|u\|_{s,\omega}, \quad s \geqslant 1.$$

当 $u \in L_{\omega}^2[-1,1]$ 时, $u = \sum_{j=0}^{\infty} \alpha_j \phi_j$ 在 $L_{\omega}^2[-1,1]$ 中收敛.

对任何正整数 n, 称 $(1-x^2)\phi'_n(x)$ 的零点

$$x_j = \cos\frac{\pi j}{n}, \quad j = 0, 1, 2, \cdots, n$$

为 $(n+1)$–Chebyshev-Gauss-Lobatto 点. 它们关于 $x = 0$ 对称分布. 记

$$(u,v)_n = \frac{\pi}{n}\sum_{j=0}^{n}\frac{1}{d_j}u(x_j)v(x_j),$$

$$d_j = \begin{cases} 2, & j = 0, n, \\ 1, & j = 1, 2, \cdots, n-1, \end{cases}$$

或

$$\begin{cases} (u,v)_n = \sum_{j=0}^{n} w_j u(x_j)v(x_j), & w_j = \dfrac{\pi}{nd_j}, \\ \||u\||_n = \left(\displaystyle\sum_{j=0}^{n} w_j u^2(x_j)\right)^{1/2}. \end{cases}$$

可以证明

$$\|u\|_\omega \leqslant \||u\||_n \leqslant \sqrt{2}\|u\|_\omega, \quad \forall u \in \mathbb{P}_n.$$

类似地 [5]

命题 2.3.4 插值

$$I_n u = \sum_{j=0}^{n} \alpha_j \phi_j$$

是 $u \in C[-1,1]$ 在 $\mathbb{P}_n = \mathrm{span}\{\phi_j : j = 0,1,2,\cdots,n\}$ 上关于范数 $\||\cdot\||_n$ 的最佳投影, 其中

$$\alpha_j = \frac{2}{n d_j} \sum_{k=0}^{n} \frac{1}{d_k} \cos\left(\frac{kj\pi}{n}\right) u(x_k), \quad j = 0,1,2,\cdots,n.$$

由于 $I_n u(x_j) = u(x_j)(j = 0,1,2,\cdots,n)$, 故称 I_n 为 Chebyshev 插值. 进一步还有 [5]

$$n\|u - I_n u\|_\omega + \|(u - I_n u)'\|_\omega \leqslant C n^{1-s} \|u\|_{s,\omega}, \quad s \geqslant 1.$$

而 Fourier (傅里叶) 展开的基函数

$$\{1, \cos x, \sin x, \cdots, \cos nx, \sin nx, \cdots\}$$

构成 $L^2[-\pi,\pi]$ 的完备正交基. 函数 $u \in L^2[-\pi,\pi]$ 在 $\mathbb{T}_n$ 上关于范数 $\|\cdot\|$:

$$\|u\| = \left(\int_{-\pi}^{\pi} u^2(x)\mathrm{d}x\right)^{1/2}$$

的最佳逼近是

$$u_n(x) = \frac{a_0}{2} + \sum_{j=1}^{n}\left(a_j \cos jx + b_j \sin jx\right) \equiv P_n u,$$

其中

$$a_j = \frac{1}{\pi}\int_{-\pi}^{\pi} u(x)\cos jx \mathrm{d}x, \quad j = 0,1,2,\cdots,n,$$

$$b_j = \frac{1}{\pi} \int_{-\pi}^{\pi} u(x) \sin jx \mathrm{d}x, \quad j = 1, 2, \cdots, n$$

称为 $u(t)$ 的 Fourier 系数, 且满足 Bessel 不等式

$$\frac{1}{2} a_0^2 + \sum_{j=1}^{n} (a_j^2 + b_j^2) \leqslant \frac{1}{\pi} \int_{-\pi}^{\pi} u^2(x) \mathrm{d}x.$$

事实上, 当 $u \in L^2[-\pi, \pi]$ 时有

$$u(x) = \frac{a_0}{2} + \sum_{j=1}^{\infty} (a_j \cos jx + b_j \sin jx),$$

并满足 Parseval 等式

$$\frac{a_0^2}{2} + \sum_{j=1}^{\infty} (a_j^2 + b_j^2) = \frac{1}{\pi} \int_{-\pi}^{\pi} u^2(x) \mathrm{d}x.$$

对任何正整数 n, 记 $x_j = \dfrac{2\pi j}{2n+1} (j = 0, 1, 2, \cdots, N-1)$, $N = 2n+1$,

$$(u, v)_N = \sum_{j=0}^{N-1} w_j u(x_j) v(x_j), \quad w_j = \begin{cases} \dfrac{1}{N}, & j = 0, \\ \dfrac{2}{N}, & j = 1, 2, \cdots, N-1, \end{cases}$$

$$|||u|||_N = \sum_{j=0}^{N-1} w_j (u(x_j))^2,$$

则三角函数族 $\mathbb{T}_n$ 为离散点 $\{x_j : j = 0, 1, 2, \cdots, N-1\}$ 上的正交函数族, 即

$$(\cos jx, \sin kx)_N = 0, j, k = 0, 1, 2, \cdots, n,$$

$$(\cos jx, \cos kx)_N = \begin{cases} 0, & j \neq k, \\ 1, & j = k \neq 0, \\ 2, & j = k = 0, \end{cases}$$

$$(\sin jx, \sin kx)_N = \begin{cases} 0, & j \neq k, \\ 1, & j = k \neq 0, \end{cases} \quad j, k = 1, 2, \cdots, n.$$

于是, 函数 $u \in L^2[-\pi, \pi]$ 在 $\mathbb{T}_n$ 中依范数 $||| \cdot |||_N$ 的最佳逼近是

$$u_n(x) = \frac{a_0}{2} + \sum_{j=1}^{n}(a_j \cos jx + b_j \sin jx) \equiv I_N u,$$

其中

$$a_j = \frac{2}{N} \sum_{l=0}^{N-1} u(x_l) \cos(jx_l), \quad j = 0, 1, 2, \cdots, n,$$

$$b_j = \frac{2}{N} \sum_{l=0}^{N-1} u(x_l) \sin(jx_l), \quad j = 1, 2, \cdots, n.$$

注意到

$$(I_N u)(x_j) = u(x_j), \quad j = 0, 1, 2, \cdots, N-1,$$

故称之为**三角插值多项式**. 进一步有

$$\|u - I_N u\| \leqslant Cn^{-s}\|u\|_s, \quad s > 1/2.$$

由 $\{u(x_j) : j = 0, 1, 2, \cdots, N-1\}$ 求

$$\{a_j : j = 0, 1, 2, \cdots, n\} \cup \{b_j : j = 1, 2, \cdots, n\}$$

$$\equiv \{c_j : j = 0, 1, 2, \cdots, N-1\}$$

的过程称为 u 的**离散 Fourier 变换**. 由 $\{c_j : j = 0, 1, 2, \cdots, N-1\}$ 求 $\{u(x_j) : j = 0, 1, 2, \cdots, N-1\}$ 的过程称为**离散 Fourier 逆变换**.

直接计算 $\{c_j : j = 0, 1, 2, \cdots, N-1\}$ 需要 $\mathcal{O}(N^2)$ 的计算量 (加法与乘法), 而快速 Fourier 变换 (fast Fourier transformation) 只需 $\mathcal{O}(N \ln N)$ 的计算量[1].

Laguerre (拉盖尔) 多项式

$$L_j(x) = e^x \frac{d^j}{dx^j}(x^j e^{-x}), \quad j = 0, 1, 2, \cdots$$

是 $L_\omega^2(0, \infty)$ 上的正交 (代数) 多项式:

---

① 具体内容可参见文献 [14].

$$\int_0^\infty L_j(x)L_k(x)\mathrm{e}^{-x}\mathrm{d}x = \begin{cases} 0, & j \neq k, \\ (j!)^2, & j = k, \end{cases}$$

且满足

$$-(x\mathrm{e}^{-x}L_j'(x))' = j\mathrm{e}^{-x}L_j(x), \quad j = 1, 2, \cdots,$$

其中 $\omega = \mathrm{e}^{-x}$.

Hermite 多项式

$$H_j(x) = (-1)^j \mathrm{e}^{x^2} \frac{\mathrm{d}^j}{\mathrm{d}x^j}(\mathrm{e}^{-x^2}), \quad j = 0, 1, 2, \cdots$$

是 $L_\omega^2(-\infty, \infty)$ 上的正交 (代数) 多项式:

$$\int_{-\infty}^\infty H_j(x)H_k(x)\mathrm{e}^{-x^2}\mathrm{d}x = \begin{cases} 0, & j \neq k, \\ 2^j j! \sqrt{\pi}, & j = k, \end{cases}$$

且满足

$$-(\mathrm{e}^{-x^2}H_j'(x))' = 2j\mathrm{e}^{-x^2}H_j(x), \quad j = 1, 2, \cdots,$$

其中 $\omega = \mathrm{e}^{-x^2}$.

一般地, 我们可利用 Gram-Schmidt (格拉姆 – 施密特) 正交化策略来构造 $L_\omega^2[a,b]$ 或 $L_\omega^2(a,b)$ 上的首项系数为 1 的正交多项式族 $\{p_0, p_1, p_2, \cdots, p_n, \cdots\}$. 定义

$$\begin{cases} p_0(x) = 1, \\ p_1(x) = x - \alpha_1, \\ \cdots\cdots\cdots\cdots \\ p_{n+1}(x) = (x - \alpha_{n+1})p_n(x) - \beta_{n+1}p_{n-1}(x), n \geqslant 1, \end{cases} \tag{2.19}$$

其中 $\omega(x) > 0$,

$$\alpha_{n+1} = \int_a^b x\omega(x)p_n^2(x)\mathrm{d}x \Big/ \int_a^b \omega(x)p_n^2(x)\mathrm{d}x, \tag{2.20}$$

$$\beta_{n+1} = \int_a^b x\omega(x)p_n(x)p_{n-1}(x)\mathrm{d}x \Big/ \int_a^b \omega(x)p_{n-1}^2(x)\mathrm{d}x. \tag{2.21}$$

定理 2.3.2　由 (2.19)—(2.21) 式确定的多项式族 $\{p_0, p_1, p_2, \cdots, p_n, \cdots\}$ 是正交的且满足 $\mathbb{P}_n = \mathrm{span}\{p_0, p_1, p_2, \cdots, p_n\}$.

证明 我们只需证明多项式族 $\{p_0, p_1, p_2, \cdots, p_n, \cdots\}$ 是正交的, 即

$$(p_j, p_n) = 0, \quad 0 \leqslant j \leqslant n-1, \ n = 1, 2, \cdots. \tag{2.22}$$

由定义, 显然上式对 $n = 1$ 成立. 假设 (2.22) 式成立. 往证 (2.22) 式以 $n + 1$ 代替 n 亦成立. 事实上, 由定义, $(p_n, p_{n+1}) = 0$. 故只需证明

$$(p_j, p_{n+1}) = 0, \quad 0 \leqslant j \leqslant n-1, \ n = 1, 2, \cdots. \tag{2.23}$$

而由 (2.22) 式和

$$p_{n+1}(x) = (x - \alpha_{n+1})p_n(x) - \beta_{n+1}p_{n-1}(x)$$

即得 (2.23) 式. 这就完成了定理证明. □

以上讨论的是有限区间或无限区间上的整体多项式上的最佳逼近与展开. 下面我们考虑一类离散数据逼近问题.

(1) 给定有限对数据: 样本点

$$\{x_j : j = 0, 1, 2, \cdots, m\}$$

及相应的函数值

$$\{f(x_j) : j = 0, 1, 2, \cdots, m\}.$$

实际应用中, 通常数据大, 即 $m \gg 1$. 接下来, 需要选择合适的函数空间 (如多项式函数空间 $\mathbb{P}_n, n < m$), 并在其中找到函数 p 最佳逼近未知的 f, 即找到 $p \in \mathbb{P}_n$ 使得

$$p(x) = \arg\min \left\{ \sum_{j=0}^{m} w_j \left(f(x_j) - p(x_j)\right)^2 : p \in \mathbb{P}_n \right\}, \tag{2.24}$$

其中 $w_j(j = 0, 1, 2, \cdots, m)$ 是正常数. 这就是所谓的**数据拟合问题**. 然而在实际应用中, 我们通常只知道 $f(x_j)$ 的近似值 $y_j(j = 0, 1, 2, \cdots, m)$.

(2) 如果给定可列个数据, 如样本点

$$\{x_j : j = 0, \pm 1, \pm 2, \cdots, \pm n, \cdots\}$$

及相应的函数值

$$\{f(x_j) : j = 0, \pm 1, \pm 2, \cdots, \pm n, \cdots\},$$

能否重构整个函数 f, 即是否有 $\{\phi_j\}$ 使得

$$f(x) = \sum_{j=-\infty}^{\infty} f(x_j)\phi_j(x)?$$

回答是肯定的.

定理 2.3.3 (Shannon 定理)   若存在 $F \in L^2[-\pi, \pi]$ 满足

$$f(t) = \frac{1}{\sqrt{2\pi}} \int_{-\pi}^{\pi} F(x)\mathrm{e}^{\mathrm{i}tx}\mathrm{d}x, \quad \forall t \in \mathbb{R},$$

即 f 是带宽为 π 的有限带宽函数, 则

$$f(t) = \sum_{j=-\infty}^{\infty} f(j)S_j(t) \tag{2.25}$$

关于 $t \in \mathbb{R}$ 一致绝对收敛, 其中 $S_j(t) = \dfrac{\sin \pi(t-j)}{\pi(t-j)}$.

证明   由于 $\left\{ \dfrac{\mathrm{e}^{\mathrm{i}jx}}{\sqrt{2\pi}} : j = 0, \pm 1, \pm 2, \cdots \right\}$ 是 $L^2[-\pi, \pi]$ 的完备标准正交基, 故对任何 $f \in L^2[-\pi, \pi]$ 有

$$f(x) = \sum_{j=-\infty}^{\infty} \frac{1}{\sqrt{2\pi}} \int_{-\pi}^{\pi} f(t)\mathrm{e}^{-\mathrm{i}jt}\mathrm{d}t \cdot \frac{\mathrm{e}^{\mathrm{i}jx}}{\sqrt{2\pi}}.$$

特别地, 当对 $\dfrac{\mathrm{e}^{\mathrm{i}tx}}{\sqrt{2\pi}}$ 有

$$\frac{\mathrm{e}^{\mathrm{i}tx}}{\sqrt{2\pi}} = \frac{1}{\sqrt{2\pi}} \sum_{j=-\infty}^{\infty} \int_{-\pi}^{\pi} \mathrm{e}^{-\mathrm{i}js} \frac{\mathrm{e}^{\mathrm{i}ts}}{\sqrt{2\pi}}\mathrm{d}s \cdot \frac{\mathrm{e}^{\mathrm{i}jx}}{\sqrt{2\pi}}$$

$$= \frac{1}{2\pi} \sum_{j=-\infty}^{\infty} \int_{-\pi}^{\pi} e^{i(-j+t)s} ds \cdot \frac{e^{ijx}}{\sqrt{2\pi}}$$

$$= \sum_{j=-\infty}^{\infty} \frac{\sin \pi(t-j)}{\pi(t-j)} \frac{e^{ijx}}{\sqrt{2\pi}},$$

从而

$$\frac{e^{itx}}{\sqrt{2\pi}} F(x) = \sum_{j=-\infty}^{\infty} S_j(t) \frac{e^{ijx}}{\sqrt{2\pi}} F(x),$$

其中 $S_j(t) = \frac{\sin \pi(t-j)}{\pi(t-j)}$. 对上式两边积分并利用 $f(t) = \frac{1}{\sqrt{2\pi}} \int_{-\pi}^{\pi} F(x) e^{itx} dx$ 即得 (2.25) 式. $\square$

Shannon 定理[①]表明: 部分信息能够重构整体信息. 与之相关的课题便是压缩感知 (compressed sensing): 通过部分或少量的观测信息恢复信号[②].

推论 2.3.1 在上述定理条件下有

$$\int_{-\infty}^{\infty} f(t) dt = \sum_{j=-\infty}^{\infty} f(j).$$

证明 对 (2.25) 式两边积分并注意 $\int_{-\infty}^{\infty} S_j(t) dt = 1$ 即得. $\square$

定义 2.3.1 记 $\mathrm{PW} = \{f \in L^2(\mathbb{R}) \bigcap C(\mathbb{R}) : \mathrm{supp}\ \hat{f} \subset [-\pi, \pi]\}$, 其中

$$\hat{f}(t) = \frac{1}{\sqrt{2\pi}} \int_{-\infty}^{\infty} e^{-itx} f(x) dx.$$

Shannon 定理说明 $\{S_n(t) : n = 0, \pm 1, \pm 2, \cdots\}$ 是 PW 的完备正交

[①] Shannon 定理由苏联的 Kotel'nikov (科捷利尼科夫) (1933) 与英国的 Whittaker (惠特克) (1935) 得到.

[②] 许志强. 压缩感知. 中国科学: 数学, 2012, 42: 865-877.

基. 以上讨论的是离散形式, 下面的结论是连续形式[①].

命题 2.3.5　若 $f \in L^2(\mathbb{R}) \bigcap C(\mathbb{R})$, $\hat{f} \in L^1(\mathbb{R})$, 则

$$\left\| f(\cdot) - \sum_{j=-\infty}^{\infty} f(j) S_j(\cdot) \right\|_{C(\mathbb{R})} \leqslant \sqrt{\frac{2}{\pi}} \int_{|w| \geqslant \pi} |\hat{f}(w)| \mathrm{d}w.$$

2.4　分片多项式插值与有限元逼近

函数在不同区间或区域上的性态可能不同, 因此用分片的多项式来逼近会更有效. 于是, 我们就需要讨论分片多项式逼近. 记 $\mathcal{T}_h$ 为 $I \equiv [0,1)$ 上的有限元剖分:

$$0 = x_0 < x_1 < \cdots < x_i < \cdots < x_n = 1,$$

即

$$\mathcal{T}_h = \{\tau_j : j = 1, 2, \cdots, n\},$$

其中 $\tau_j = [x_{j-1}, x_j), h = \max_{1 \leqslant j \leqslant n} h_j$ 为有限元剖分 $\mathcal{T}_h$ 的步长, 而

$$h_j = x_j - x_{j-1} (j = 1, 2, \cdots, n; n = 1, 2, \cdots).$$

当 $h_j = h(j = 1, 2, \cdots, n)$ 时, 称 $\mathcal{T}_h$ 是**一致剖分**. 有时, 为方便起见, 我们以 h 表示 $I \longrightarrow \mathbb{R}$ 的步长函数:

$$h(x) = h_j, \quad x \in \tau_j, \ j = 1, 2, \cdots, n.$$

我们首先讨论 I 上的分片常数多项式空间及其 Haar (哈尔) 基的构造. 记 $S_{2^{-n}}$ 为一致剖分 $\mathcal{T}_{2^{-n}}$ 上分片常数有限维空间, 即

$$S_{2^{-n}} = \{v : v|_\tau \text{ 是常数}, \ \forall \tau \in \mathcal{T}_{2^{-n}}\}.$$

———————————

①BROWN Jr, J L. On the error in reconstructing a non-bandlimited function by means of the bandpass sampling theorem. J. Math. Anal. Appl., 1967, 18: 75-84.

Haar 基是指 $S_{2^{-n}}$ 如下的基:

$$H_{k,j}(x) = \begin{cases} 2^{(k-1)/2}, & x \in \left[\dfrac{2j-2}{2^k}, \dfrac{2j-1}{2^k}\right), \\ -2^{(k-1)/2}, & x \in \left[\dfrac{2j-1}{2^k}, \dfrac{2j}{2^k}\right), \\ 0, & \text{其他}, \end{cases}$$

$$j = 1, 2, \cdots, 2^{k-1}; k = 1, 2, \cdots, n.$$

不难知道

$$(H_{k,j}, H_{l,m}) = \delta_{(k,j)(l,m)},$$

$$j = 1, 2, \cdots, 2^{k-1};\ k = 1, 2, \cdots;\ m = 1, 2, \cdots, 2^{l-1};\ l = 1, 2, \cdots,$$

则

$$S_{2^{-n}} = \text{span}\{\chi_I, H_{k,j} : j = 1, 2, \cdots, 2^{k-1};\ k = 1, 2, \cdots, n\}.$$

定理 2.4.1 $L^2(I) = \overline{\text{span}}\{\chi_I, H_{k,j} : j = 1, 2, \cdots, 2^{k-1}; k = 1, 2, \cdots\}$, 即对任何 $f \in L^2(I)$, 有

$$f(x) = \int_0^1 f(t)\mathrm{d}t + \sum_{k=1}^{\infty} \sum_{j=1}^{2^{k-1}} \left(\int_0^1 H_{k,j}(t)f(t)\mathrm{d}t\right) H_{k,j}(x),$$

且

$$P_{2^{-n}}f \equiv \int_0^1 f(t)\mathrm{d}t + \sum_{k=1}^{n} \sum_{j=1}^{2^{k-1}} \left(\int_0^1 H_{k,j}(t)f(t)\mathrm{d}t\right) H_{k,j}(x)$$

为 f 在 $S_{2^{-n}}$ 中的最佳逼近, 它满足

$$\|P_{2^{-n}}f - f\| \leqslant 2^{-n}C\|f'\|.$$

以上是分片常数多项式逼近. 接着我们讨论分片线性多项式空间及其 Lagrange 基函数构造. 考虑有限元空间

$$S_h = \{v \in H^1(I) : v|_\tau \text{线性}, \ \forall \tau \in \mathcal{T}_h\},$$
$$S_h^0 = S_h \bigcap H_0^1(I). \tag{2.26}$$

分片线性的 Lagrange 基函数为

$$\phi_0(x) = \begin{cases} \dfrac{x_1 - x}{x_1}, & x \in [0, x_1], \\ 0, & \text{其他}, \end{cases}$$

$$\phi_j(x) = \begin{cases} \dfrac{x - x_{j-1}}{x_j - x_{j-1}}, & x \in [x_{j-1}, x_j), \\ \dfrac{x - x_{j+1}}{x_j - x_{j+1}}, & x \in [x_j, x_{j+1}), \quad j = 1, 2, \cdots, n-1, \\ 0, & \text{其他}, \end{cases}$$

$$\phi_n(x) = \begin{cases} \dfrac{x - x_{n-1}}{1 - x_{n-1}}, & x \in [x_{n-1}, 1], \\ 0, & \text{其他}. \end{cases}$$

显然,

$$\sum_{j=0}^{n} \phi_j = 1, \quad \int_0^1 \phi_j \mathrm{d}x = \frac{x_{j+1} - x_{j-1}}{2}, j = 1, 2, \cdots, n-1,$$

$$\int_0^1 \phi_0 \mathrm{d}x = \frac{x_1}{2}, \quad \int_0^1 \phi_n \mathrm{d}x = \frac{1 - x_{n-1}}{2}.$$

我们还有 (参见问题 12)

$$S_h = \mathrm{span}\{\phi_j : j = 0, 1, 2, \cdots, n\} \ (n = 1, 2, \cdots),$$

$$S_h^0 = \mathrm{span}\{\phi_j : j = 1, 2, \cdots, n-1\} \ (n = 2, 3, \cdots).$$

定义 2.4.1 称 $(I_h u)(x) = \displaystyle\sum_{j=0}^{n} u(x_j)\phi_j(x)$ 为函数 $u \in C(I)$ 关于剖分 $\mathcal{T}_h$ 的分片线性的 Lagrange 插值.

相应于有限元剖分 $\mathcal{T}_h$, 记

$$\|hw\|_{s,p,I} = \begin{cases} \left(\displaystyle\sum_{1 \leqslant j \leqslant n} \|h_j w\|_{s,p,\tau_j}^p \right)^{1/p}, & 1 \leqslant p < \infty, \\ \displaystyle\max_{1 \leqslant j \leqslant n} \|h_j w\|_{s,\infty,\tau_j}, & p = \infty \end{cases}$$

以及

$$|hw|_{s,p,I} = \begin{cases} \left(\sum_{1 \leqslant j \leqslant n} |h_j w|^p_{s,p,\tau_j} \right)^{1/p}, & 1 \leqslant p < \infty, \\ \max_{1 \leqslant j \leqslant n} |h_j w|_{s,\infty,\tau_j}, & p = \infty. \end{cases}$$

定理 2.4.2 若 $u \in H^{1+s}(I)(s=0,1)$，则

$$\|u - I_h u\|_0 \leqslant C|h^{1+s}u|_{1+s}, \quad \|u - I_h u\|_1 \leqslant C|h^s u|_{1+s}.$$

特别地，

$$\|I_h u\|_1 \leqslant C\|u\|_1, \quad \forall u \in H^1(I).$$

证明 对 $1 \leqslant j \leqslant n, \tau_j = [x_{j-1}, x_j)$，只需证明：当 $u \in C^2(I)$ 时，有

$$\|u - I_h u\|_{0,\tau_j} \leqslant Ch_j|u|_{1,\tau_j},$$

$$\|u - I_h u\|_{0,\tau_j} + h_j|u - I_h u|_{1,\tau_j} \leqslant Ch_j^{1+s}|u|_{1+s,\tau_j}, \quad s = 0,1.$$

记 $e(x) = (u - I_h u)(x)$，则

$$e(x_{j-1}) = e(x_j) = 0.$$

故存在 $\bar{x}_j \in [x_{j-1}, x_j)$ 使得 $e'(\bar{x}_j) = 0$. 于是

$$e'(x) = \int_{\bar{x}_j}^x e''(t)\mathrm{d}t = \int_{\bar{x}_j}^x u''(t)\mathrm{d}t, \quad x \in \tau_j,$$

从而

$$|e'(x)| \leqslant h_j^{1/2} \left(\int_{\tau_j} |u''|^2 \mathrm{d}t \right)^{1/2}, \quad x \in \tau_j.$$

两边对 x 积分即得

$$|u - I_h u|_{1,\tau_j} \leqslant h_j|u|_{2,\tau_j}.$$

类似地，由

$$e(x) = \int_{x_{j-1}}^x e'(t)\mathrm{d}t = \int_{x_{j-1}}^x \int_{\bar{x}_j}^t u''(s)\mathrm{d}s\mathrm{d}t$$

及

$$e(x) = u - u(x_{j-1})\phi_{j-1}(x) - u(x_j)\phi_j(x)$$
$$= \phi_{j-1}(x)\int_{x_{j-1}}^{x} u'(t)\mathrm{d}t - \phi_j(x)\int_{x}^{x_j} u'(t)\mathrm{d}t$$

得

$$\|u - I_h u\|_{0,\tau_j} \leqslant Ch^{1+s}|u|_{1+s,\tau_j}, \quad s = 0,1.$$

注意到

$$|(I_h u)'| = \left|\frac{u(x_j) - u(x_{j-1})}{x_j - x_{j-1}}\right| = \frac{1}{h_j}\left|\int_{x_{j-1}}^{x_j} u'(t)\mathrm{d}t\right|,$$

我们即有

$$|I_h u|_{1,\tau_j} \leqslant |u|_{1,\tau_j}.$$

证毕.   □

定理 2.4.3　若 $u \in W^{1+s,\infty}(I)(s = 0,1)$, 则

$$\|u - I_h u\|_{0,\infty} \leqslant C|h^{1+s}u|_{1+s,\infty},$$
$$\|u - I_h u\|_{1,\infty} \leqslant C|h^s u|_{1+s,\infty}.$$

证明　对 $s = 1$ 只证明: 当 $u \in C^2(I)$ 时, 对 $\tau_j = [x_{j-1}, x_j)(j = 1, 2, \cdots, n)$ 有

$$\max_{x \in \tau_j}|(u - I_h u)(x)| \leqslant Ch_j^2 \max_{x \in \tau_j}|u''(x)|,$$
$$\max_{x \in \tau_j}|(u - I_h u)'(x)| \leqslant Ch_j \max_{x \in \tau_j}|u''(x)|.$$

由 Taylor 展开, 存在 $\xi_l \in [x_{j-1}, x_j)(l = j - 1, j)$ 满足

$$u(x_l) = u(x) + u'(x)(x_l - x) + \frac{(x_l - x)^2}{2}u''(\xi_l), \quad l = j - 1, j. \quad (2.27)$$

于是, 在 τ_j 上有

$$u(x_{j-1})\phi_{j-1}(x) = u(x)\frac{x_j - x}{x_j - x_{j-1}} + u'(x)\frac{(x_j - x)(x_{j-1} - x)}{x_j - x_{j-1}} +$$

$$\frac{(x_{j-1} - x)^2(x_j - x)}{2(x_j - x_{j-1})}u''(\xi_{j-1}),$$

$$u(x_j)\phi_j(x) = u(x)\frac{x - x_{j-1}}{x_j - x_{j-1}} + u'(x)\frac{(x_j - x)(x - x_{j-1})}{x_j - x_{j-1}} +$$

$$\frac{(x_j - x)^2(x - x_{j-1})}{2(x_j - x_{j-1})}u''(\xi_j).$$

注意到, 在 τ_j 上

$$I_h u(x) = u(x_{j-1})\phi_{j-1}(x) + u(x_j)\phi_j(x).$$

从而在 τ_j 上有

$$I_h u(x) = u(x) + \frac{(x_{j-1} - x)^2(x_j - x)}{2(x_j - x_{j-1})}u''(\xi_{j-1}) +$$

$$\frac{(x_j - x)^2(x - x_{j-1})}{2(x_j - x_{j-1})}u''(\xi_j),$$

或

$$\max_{x \in \tau_j} |(I_h u - u)(x)| \leqslant \frac{(x_j - x_{j-1})^2}{2} \max_{x \in \tau_j} |u''(x)| \leqslant Ch_j^2 \max_{x \in \tau_j} |u''(x)|.$$

往证其余估计. 由于

$$\phi'_{j-1}(x) + \phi'_j(x) = 0, \qquad\qquad x \in \tau_j,$$

$$(x_{j-1} - x)\phi'_{j-1}(x) + (x_j - x)\phi'_j(x) = 1, \quad x \in \tau_j,$$

故由 $I_h u(x) = u(x_{j-1})\phi_{j-1}(x) + u(x_j)\phi_j(x), x \in \tau_j$ 及 (2.27) 式有

$$\phi'_{j-1}(x)u(x_{j-1}) = u(x)\phi'_{j-1}(x) + u'(x)(x_{j-1} - x)\phi'_{j-1}(x) +$$

$$\frac{(x_{j-1} - x)^2}{2}u''(\xi_{j-1})\phi'_{j-1}(x),$$

$$\phi'_j(x)u(x_j) = u(x)\phi'_j(x) + u'(x)(x_j - x)\phi'_j(x) +$$

$$\frac{(x_j - x)^2}{2}u''(\xi_j)\phi'_j(x).$$

于是

$$\phi'_{j-1}(x)u(x_{j-1}) + \phi'_j(x)u(x_j)$$
$$= u(x)(\phi'_{j-1}(x)+\phi'_j(x))+u'(x)((x_{j-1}-x)\phi'_{j-1}(x)+(x_j-x)\phi'_j(x))+$$
$$\frac{(x_{j-1}-x)^2}{2}u''(\xi_{j-1})\phi'_{j-1}(x) + \frac{(x_j-x)^2}{2}u''(\xi_j)\phi'_j(x).$$

即在 τ_j 上有

$$(I_h u)'(x) = u'(x) + \frac{(x_{j-1}-x)^2}{2}u''(\xi_{j-1})\phi'_{j-1}(x)+$$
$$\frac{(x_j-x)^2}{2}u''(\xi_j)\phi'_j(x).$$

这样, 我们得到

$$\max_{x\in\tau_j}|u'(x)-(I_hu)'(x)| \leqslant (x_j-x_{j-1})\max_{x\in\tau_j}|u''(x)| = h_j\max_{x\in\tau_j}|u''(x)|.$$

由中值定理, 类似地可证明

$$\max_{x\in\tau_j}|(u-I_hu)(x)| \leqslant Ch_j\max_{x\in\tau_j}|u'(x)|.$$

显然

$$\|I_hu\|_{1,\infty} \leqslant C|u|_{1,\infty}.$$

这就完成了定理证明.   □

用线性有限元插值的导数来逼近导数的精度通常只有一阶精度. 我们下面讨论如何利用线性有限元插值的导数来得到导数高精度的逼近. 对剖分点 $x_j(j=1,2,\cdots,n-1)$, 记 $h_{j+1}=x_{j+1}-x_j$ 以及 $(I_hu)'(x_j+0)$ 和 $(I_hu)'(x_j-0)$ 的调和平均为

$$\left(\frac{\bar{\mathrm{d}}}{\mathrm{d}x}I_hu\right)(x_j) = \frac{1/h_{j+1}}{1/h_j+1/h_{j+1}}(I_hu)'(x_j+0)+$$
$$\frac{1/h_j}{1/h_j+1/h_{j+1}}(I_hu)'(x_j-0),$$

即

$$\left(\frac{\bar{\mathrm{d}}}{\mathrm{d}x}I_h u\right)(x_j) = \frac{h_j}{h_j + h_{j+1}}(I_h u)'(x_j + 0) +$$
$$\frac{h_{j+1}}{h_j + h_{j+1}}(I_h u)'(x_j - 0).$$

定理 2.4.4 设有限元剖分 $\mathcal{T}_h$ 是拟一致剖分, 即存在常数 $C > 0$ 满足 $h \leqslant C \min\limits_{1\leqslant j\leqslant n} h_j$, 若 $u \in W^{3,\infty}(I)$, 则

$$\max_{1\leqslant j\leqslant n-1}\left|\left(\frac{\bar{\mathrm{d}}}{\mathrm{d}x}I_h u\right)(x_j) - u'(x_j)\right| \leqslant Ch^2|u|_{3,\infty}.$$

证明 由 Taylor 展开, 存在 $\theta_j, \tilde{\theta}_j \in (0,1)$ 使得

$$u(x_{j+1}) = u(x_j + h_{j+1})$$
$$= u(x_j) + h_{j+1}u'(x_j) + \frac{h_{j+1}^2}{2}u''(x_j) + \frac{h_{j+1}^3}{6}u'''(x_j + \theta_j h_{j+1}),$$
$$u(x_{j-1}) = u(x_j - h_j)$$
$$= u(x_j) - h_j u'(x_j) + \frac{h_j^2}{2}u''(x_j) - \frac{h_j^3}{6}u'''(x_j - \tilde{\theta}_j h_j),$$

于是

$$\frac{h_j}{h_{j+1}}u(x_{j+1}) = \frac{h_j}{h_{j+1}}u(x_j) + h_j u'(x_j) +$$
$$\frac{h_{j+1}h_j}{2}u''(x_j) + \frac{h_{j+1}^2 h_j}{6}u'''(x_j + \theta_j h_{j+1}),$$
$$\frac{h_{j+1}}{h_j}u(x_{j-1}) = \frac{h_{j+1}}{h_j}u(x_j) - h_{j+1}u'(x_j) +$$
$$\frac{h_{j+1}h_j}{2}u''(x_j) - \frac{h_j^2 h_{j+1}}{6}u'''(x_j - \tilde{\theta}_j h_j),$$

从而

$$u'(x_j) = \frac{1}{h_j + h_{j+1}}\left(\frac{h_j}{h_{j+1}}u(x_{j+1}) - \frac{h_{j+1}}{h_j}u(x_{j-1}) - \right.$$
$$\left.\frac{h_j}{h_{j+1}}u(x_j) + \frac{h_{j+1}}{h_j}u(x_j)\right) + \mathcal{O}(h^2)|u|_{3,\infty,\tau_j}$$

$$= \frac{h_j}{h_j + h_{j+1}} \frac{u(x_{j+1}) - u(x_j)}{h_{j+1}} +$$

$$\frac{h_{j+1}}{h_j + h_{j+1}} \frac{u(x_j) - u(x_{j-1})}{h_j} + \mathcal{O}(h^2)|u|_{3,\infty,\tau_j}$$

$$= \frac{h_j}{h_j + h_{j+1}} (I_h u)'(x_j + 0) +$$

$$\frac{h_{j+1}}{h_j + h_{j+1}} (I_h u)'(x_j - 0) + \mathcal{O}(h^2)|u|_{3,\infty}.$$

这就完成了定理之证明.   □

以上讨论的是分片多项式的 Lagrange 插值. 我们接着讨论分片多项式空间上的 Galerkin 投影, 即 $H^1(I)$ 在 S_h 中的最佳逼近.

定理 2.4.5　设 $S_h \subset H^1(I)$ 是关于有限元剖分 $\mathcal{T}_h$ 上的分片线性有限元空间.

(1) 方程

$$\begin{cases} -u'' + u = f, & x \in (0,1), \\ u'(0) = u'(1) = 0 \end{cases}$$

关于剖分 $\mathcal{T}_h$ 的有限元解 u_h: $u_h \in S_h$ 满足

$$\int_0^1 (u_h' v' + u_h v)\mathrm{d}x = \int_0^1 fv\mathrm{d}x, \quad \forall v \in S_h,$$

是 $u \in H^1(I)$ 在 S_h 中的最佳逼近, 即

$$\|u - u_h\|_1 = \min_{v \in S_h} \|u - v\|_1,$$

且当 $u \in H^2(I)$ 时有

$$\|u - u_h\|_1 \leqslant Ch|u|_2.$$

(2) 更一般地, 设 α 为非负常数. 方程

$$\begin{cases} -u'' + \alpha u = f, & x \in (0,1), \\ u(0) = u(1) = 0 \end{cases}$$

关于剖分 $\mathcal{T}_h$ 的分片线性有限元解 u_h: $u_h \in S_h^0$ 满足

$$\int_0^1 (u_h' v' + \alpha u_h v)\mathrm{d}x = \int_0^1 fv\mathrm{d}x, \quad \forall v \in S_h^0,$$

是 $u \in H_0^1(I)$ 在 S_h^0 中的在如下意义下的最佳逼近:

$$\|(u - u_h)'\| + \sqrt{\alpha}\|u - u_h\| = \min_{v \in S_h^0} \left(\|(u - v)'\| + \sqrt{\alpha}\|u - v\|\right).$$

且当 $u \in H_0^1(I) \bigcap H^2(I)$ 时有

$$\|(u - u_h)'\| + \sqrt{\alpha}\|u - u_h\| \leqslant Ch|u|_2.$$

有限元方法的数学理论是由我国数学家、物理学家、中国计算数学的奠基人和开拓者冯康于 1965 年提出的[①]. 进一步, 我们还有

定理 2.4.6 设 α 是非负常数. 若 $u_h \in S_h^0$ 是

$$\begin{cases} -u'' + \alpha u = f, & x \in (0, 1), \\ u(0) = u(1) = 0 \end{cases} \tag{2.28}$$

的分片线性有限元解, 即

$$\int_0^1 (u_h' v' + \alpha u_h v)\mathrm{d}x = \int_0^1 fv\mathrm{d}x, \quad \forall v \in S_h^0,$$

则有

$$\|(u_h - I_h u)'\| \leqslant C \min\{\alpha, \sqrt{\alpha}\}\|u - I_h u\|.$$

证明 首先, 我们有

$$\int_0^1 [(u_h - u)' v' + \alpha(u_h - u)v]\mathrm{d}x = 0, \quad \forall v \in S_h^0.$$

于是

$$\int_0^1 [(u_h - I_h u)' v' + \alpha(u_h - I_h u)v]\mathrm{d}x$$

---

① 冯康. 基于变分原理的差分格式. 应用数学与计算数学. 1965, 2: 238-262.

$$= \int_0^1 [(u - I_h u)'v' + \alpha(u - I_h u)v]\mathrm{d}x$$

$$= \sum_{j=1}^n \int_{x_{j-1}}^{x_j} [(u - I_h u)'v' + \alpha(u - I_h u)v]\mathrm{d}x.$$

由分部积分得到

$$\int_0^1 [(u_h - I_h u)'v' + \alpha(u_h - I_h u)v]\mathrm{d}x = \alpha \int_0^1 (u - I_h u)v\mathrm{d}x, \quad \forall v \in S_h^0.$$

在上式中取 $v = u_h - I_h u$ 便得出

$$\|(u_h - I_h u)'\|^2 + \alpha\|u_h - I_h u\|^2 \leqslant \alpha\|u - I_h u\|\|u_h - I_h u\|,$$

从而

$$\|(u_h - I_h u)'\|^2 + \alpha\|u_h - I_h u\|^2 \leqslant (\alpha\|u - I_h u\|^2 + \alpha\|u_h - I_h u\|^2)/2$$

以及

$$\|(u_h - I_h u)'\|^2 \leqslant \alpha\|u - I_h u\|\|u_h - I_h u\|.$$

故

$$\|(u_h - I_h u)'\| \leqslant C \min\{\alpha, \sqrt{\alpha}\}\|u - I_h u\|. \qquad \square$$

由简单的推导便得到如下结论

推论 2.4.1 对于方程 (2.28), 成立

$$\max_{1\leqslant j\leqslant n-1} \left|\frac{\bar{\mathrm{d}}}{\mathrm{d}x}u_h(x_j) - u'(x_j)\right| \leqslant Ch^2\|u\|_{3,\infty},$$

$$\|u - u_h\| \leqslant C\|u - I_h u\| \leqslant Ch^2\|u\|_2.$$

推论 2.4.2 对于方程 (2.28), 若 $\alpha = 0$, 则 $u_h = I_h u$. 即有限元解就是插值.

我们知道, 对于分片线性有限元来说, $\|(u - u_h)'\|$ 及 $\|(u - I_h u)'\|$ 通

常只有一阶精度, 即

$$\|(u - u_h)'\| + \|(u - I_h u)'\| = \mathcal{O}(h).$$

但

$$\|(u_h - I_h u)'\| = \mathcal{O}(h^2).$$

这表明: u_h 与 $I_h u$ 相差无几, 非常接近. 这就是所谓的**超逼近**.

定理 2.4.6 表明: 有限元解的逼近误差在一定意义下可局部化, 因而可进行自适应计算. 而分层基技巧可使得在自适应计算中不必改变原来的数据结构.

以上讨论的是给定剖分 $\mathcal{T}_h$, 研究任何 $u \in H_0^1(I)$ 的最佳逼近, 如

$$\min_{v \in S_h^0} \|u - v\|_1.$$

若换个角度考虑问题, 那么我们可以问: 对给定 (一般) 的 $u \in W^{1,1}(I)$ 与自由度数 n, 是否存在某个剖分使得其逼近最优? 即求

$$\arg \min_{\mathcal{T}_h, |\mathcal{T}_h| = n} \min_{v \in S_h^0} \|u - v\|_{0,\infty}.$$

这就是寻找最优剖分问题, 或 n 项逼近问题, 或称**非线性逼近**或**自适应逼近**.

例如, 设 $\mathcal{T}$ 为 I 上的一有限元剖分, 并记 $|\mathcal{T}|$ 表示剖分 $\mathcal{T}$ 中单元的个数 (亦即剖分点个数 -1),

$$S(\mathcal{T}) = \{v \in L^2(I) : v|_\tau \text{是常数}, \ \forall \tau \in \mathcal{T}\},$$
$$\Sigma_n = \bigcup_{|\mathcal{T}| = n} S(\mathcal{T}).$$

我们知道, $S(\mathcal{T})$ 是线性空间, 而 Σ_n 不是. 注意到, 若 $u_h \in S(\mathcal{T}_h)$ 为 $u \in W^{1,\infty}(I)$ 关于 $\|\cdot\|_{0,\infty}$ 的最佳逼近, 则

$$\|u - u_h\|_{0,\infty} \leqslant C n^{-1} |u|_{1,\infty}.$$

若 $\tilde{u}_n \in \Sigma_n$ 为 $u \in W^{1,1}(I)$ 关于 $\|\cdot\|_{0,\infty}$ 的最佳逼近, 则

$$\|u - \tilde{u}_n\|_{0,\infty} \leqslant Cn^{-1}|u|_{1,1}\text{[①]}.$$

寻找最优的网格, 通常是基于某些后验误差估计子 $\eta(u_h)$: 通过后验误差估计进行自适应加密而得到最优网格.

对后验估计子

$$\eta(u_h) = \left(\sum_{\tau \in \mathcal{T}_h} \eta_\tau^2(u_h) \right)^{1/2},$$

其中 $\eta_\tau(u_h)$ 是可计算的, 如果

$$\|u - u_h\|_1 \approx \eta_\tau(u_h),$$

那么我们可以根据误差等分布原理设计如下的自适应算法: 给定 $\varepsilon > 0$,

第一步, 若 $\mathcal{T}_h$ 上相应的有限元解的 $\eta_\tau(u_h) > \varepsilon/\sqrt{|\mathcal{T}_h|}$, 则将这些 τ 一分为二得出新的 $\widetilde{\mathcal{T}}_h$.

第二步, 求出 $\widetilde{\mathcal{T}}_h$ 上相应的有限元解 $\tilde{u}_h$. 若对于所有的 $\tau \in \widetilde{\mathcal{T}}_h$ 都有 $\eta_\tau(\tilde{u}_h) < \varepsilon/\sqrt{|\widetilde{\mathcal{T}}_h|}$, 则停止. 否则回到第一步.

在以上自适应算法中, 关键是构造合适的后验误差估计子. 以下介绍几种典型的后验误差估计.

考虑

$$\begin{cases} -u'' + u = f, & x \in (0,1), \\ u(0) = u(1) = 0 \end{cases}$$

的分片线性有限元解 $u_h \in S_h^0$:

$$\int_0^1 (u_h'v' + u_hv)\mathrm{d}x = \int_0^1 fv\mathrm{d}x, \quad \forall v \in S_h^0.$$

① DEVORE R A. Nonlinear approximation. Acta Numerica, 1998, 7: 51-150.
　TEMLYAKOV V N. Nonlinear methods of approximation. Found. Comput. Math., 2003, 3: 33-107.

由定理 2.4.2 证明可知, 我们有如下的先验误差估计

$$\|u - u_h\|_1 = \min_{v \in S_h^0} \|u - v\|_1 \leqslant \frac{3}{2} \left(\sum_{j=1}^n h_{\tau_j}^2 \|u''\|_{0,\tau_j}^2 \right)^{1/2}.$$

若记

$$\bar{u}_h''|_{\tau_j} = \frac{\bar{u}_h'(x_j) - \bar{u}_h'(x_{j-1})}{h_{\tau_j}},$$

而

$$\bar{u}_h'(x_j) = \frac{u_h'(x_j + 0) + u_h'(x_j - 0)}{2},$$

则我们大致有如下的后验误差估计

$$\|u - u_h\|_1 \leqslant \frac{3}{2} \left(\sum_{j=1}^n h_{\tau_j}^2 \|\bar{u}_h''\|_{0,\tau_j}^2 \right)^{1/2} + 高阶项,$$

并可粗略地用

$$\frac{3}{2} \left(\sum_{j=1}^n h_{\tau_j}^2 \|\bar{u}_h''\|_{0,\tau_j}^2 \right)^{1/2}$$

来估计 $\|u - u_h\|_1$.

上面的后验误差估计是基于导数的平均. 实际上, 后验误差估计还可以基于导数的跳跃. 注意到, 在节点处导数的跳跃度可作为二阶导数的近似. 这样, 我们便得到残量型后验误差估计. 总之, 我们需要对近似解作后处理.

后处理通常是将近似解或其导数进行 "光滑化". 这种光滑化的效果往往能起到提高精度之功能. 特别是, 它提供了一类后验估计子. 我们指出, 后处理估计是可靠性分析理论与自适应计算基础.

后处理的思想是: 对于真解 u 的近似解 u_h, 如何通过简单的后处理重新构造新的逼近 $\tilde{u}_h$ 使得在范数下有

$$\|u - \tilde{u}_h\| \ll \|u - u_h\|,$$

即寻找简单运算 L_h 使得

$$\|u - L_h u_h\| \ll \|u - u_h\|.$$

亦即 $\|u - L_h u_h\|$ 相对于 $\|u - u_h\|$ 是高阶量. 于是, 由

$$u - u_h = L_h u_h - u_h + u - L_h u_h$$

有

$$\|u - u_h\| \approx \|L_h u_h - u_h\|.$$

这表明 $\|L_h u_h - u_h\|$ 可作为 $\|u - u_h\|$ 的后验估计量, 用来作可靠性估计及自适应计算的误差指示子.

对于分片线性有限元解 u_h, 一般地, 我们有

$$\|u - u_h\|_{0,\infty} + h\|(u - u_h)'\|_{0,\infty} = \mathcal{O}(h^2),$$

并且这个结果不能改进. 更确切地说, 一般没有

$$\|(u - u_h)'\|_{0,\infty} = o(h).$$

但是通过一些简单的后处理, 我们可得到 u' 的比 u_h' 更高阶近似.

下面介绍三种后处理: 积分平均、L^2 投影平均以及高阶插值处理. 给定 $H, h \in [0,1)$ 满足 $H \gg h$ 或 $H = 2h$. 设 $I = (0,1)$ 上的有限元剖分 $\mathcal{T}_h$ 是由 $\mathcal{T}_H$ 加密而得.

在有关的讨论中, 我们需要如下的有限元空间的反估计.

命题 2.4.1 若 S_h 是有限元剖分 $\mathcal{T}_h$ 上的有限元空间:

$$S_h = \{v \in H^1(I) : v\,|_\tau \in \mathbb{P}_k,\ \tau \in \mathcal{T}_h\},$$

则

$$\|v'\|_{0,p,\tau} \leqslant C h_\tau^{-1}\|v\|_{0,p,\tau}, \quad \forall v \in S_h,\ \forall \tau \in \mathcal{T}_h,\ 1 \leqslant p \leqslant \infty,$$

其中 $k \geqslant 1$. 特别地, 当 $\mathcal{T}_h$ 是拟一致剖分时, 还有

$$\|v'\|_{0,p,I} \leqslant Ch^{-1}\|v\|_{0,p,I}, \quad \forall v \in S_h, \ 1 \leqslant p \leqslant \infty.$$

证明 给定 $\tau \in \mathcal{T}_h$ 与 $v \in S_h$, 记

$$\hat{v}(\hat{x}) = v(x), \quad x = h_\tau \hat{x}, \ \hat{x} \in I,$$

则

$$\|v'\|_{0,p,\tau} = h_\tau^{(1-p)/p}\|\hat{v}'\|_{0,p,I} \leqslant h_\tau^{(1-p)/p}\|\hat{v}\|_{1,p,I}.$$

有限维空间的任何范数等价意味着存在 $C > 0$ 使得

$$\|\hat{v}\|_{1,p,I} \leqslant C\|\hat{v}\|_{0,p,I},$$

故

$$\|v'\|_{0,p,\tau} \leqslant Ch_\tau^{1/p-1}\|\hat{v}\|_{0,p,I}.$$

从而由

$$\|\hat{v}\|_{0,p,I} = h_\tau^{-1/p}\|v\|_{0,p,\tau}$$

即完成命题之证明. $\qquad\Box$

数值求解得到的事实上是一些离散数据. 这些数据通过一定的组合便得到相应的有限维逼近解. 例如, 有限元逼近解由所张成的有限元基函数之系数值确定而得到的离散数据就用来作为这些系数值 (参见本章 2.2 节). 以下的讨论与结论表明: 利用积分平均、最小二乘等后处理技术对这些数据进行拟合均可以提高其导数的逼近精度.

定理 2.4.7 设 $u \in W^{3,\infty}(I)$. 若逼近 $u_h \in H^1(I)$ 满足

$$\|u - u_h\|_{0,\infty} \leqslant Ch^2\|u\|_{2,\infty},$$

则

$$\|R_\mu u_h' - u'\|_{0,\infty,(\mu,1-\mu)} \leqslant C(\mu^2 + h^2/\mu)\|u\|_{3,\infty},$$

其中

$$(R_\mu v)(x) = \frac{1}{2\mu} \int_{x-\mu}^{x+\mu} v(t)\mathrm{d}t, \quad v \in L^1(I).$$

特别地, 当 $\mu = \mathcal{O}(h^{2/3})$ 时, 有

$$\|R_\mu u_h' - u'\|_{0,\infty,(\mu,1-\mu)} \leqslant Ch^{4/3}\|u\|_{3,\infty}.$$

证明 由 Taylor 展开,

$$u(x \pm \mu) = u(x) \pm \mu u'(x) + \frac{u''(x)}{2}\mu^2 + \mathcal{O}(\mu^3\|u\|_{3,\infty}), \quad x \in (\mu, 1-\mu).$$

于是, 当 $x \in (\mu, 1 - \mu)$ 时, 由条件有

$$\begin{aligned}
u'(x) &= \frac{1}{2\mu}(u(x+\mu) - u(x-\mu)) + \mathcal{O}(\mu^2\|u\|_{3,\infty}) \\
&= \frac{1}{2\mu}(u_h(x+\mu) - u_h(x-\mu)) + \mathcal{O}((\mu^2 + h^2/\mu)\|u\|_{3,\infty}) \\
&= \frac{1}{2\mu}\int_{x-\mu}^{x+\mu} u_h'(t)\mathrm{d}t + \mathcal{O}((\mu^2 + h^2/\mu)\|u\|_{3,\infty}) \\
&= (R_\mu u_h')(x) + \mathcal{O}((\mu^2 + h^2/\mu)\|u\|_{3,\infty}).
\end{aligned}$$

从而, 当 $\mu = \mathcal{O}(h^{2/3})$ 时有

$$(u' - R_\mu u_h')(x) = \mathcal{O}(h^{4/3}\|u\|_{3,\infty}), \quad x \in (\mu, 1-\mu). \qquad \square$$

注意到, 尽管对分片线性有限元逼近 u_h 有

$$\|u - u_h\|_{0,\infty} \leqslant Ch^2\|u\|_{2,\infty},$$

我们通常也只能得到

$$\|(u - u_h)'\|_{0,\infty} \leqslant Ch\|u\|_{2,\infty}.$$

由定理 2.4.7 得

$$(u - u_h)'(x) = (R_\mu u_h' - u_h')(x) + \mathcal{O}(h^{4/3}), \quad x \in (\mu, 1-\mu),$$

故 $R_\mu u'_h - u'_h$ 可作为 $u' - u'_h$ 的后验误差估计.

我们还可以利用 u'_h (因为是分片常数) 作最小二乘重构 u'_h 以获得 u 的高阶逼近. 为此, 设 $Q_h : L^2(I) \longrightarrow S_h$ 是关于 L^2 范数 $\|\cdot\|$ 的最佳逼近投影算子, 通常也称之为 L^2 投影, 即

$$Q_h u = \arg \min_{v \in S_h} \|u - v\|$$

或

$$\|u - Q_h u\| = \min_{v \in S_h} \|u - v\|.$$

对 L^2 投影算子 Q_h, 我们有

定理 2.4.8 成立

$$\|u - Q_h u\| \leqslant Ch^2\|u\|_2, \quad \forall u \in H^2(I),$$

$$\|Q_h u\| \leqslant \|u\|, \quad \forall u \in L^2(I).$$

当 $\mathcal{T}_h$ 是 I 上的拟一致有限元剖分时, 还有 [3]

$$\|(u - Q_h u)'\| \leqslant Ch\|u\|_2, \quad \forall u \in H^2(I).$$

下面的定理说明最小二乘解

$$Q_\mu u'_h = \arg \min_{v \in S_\mu} \|u'_h - v\| \tag{2.29}$$

具有比 u'_h 更高阶逼近 u' 的精度. 注意到, 导数 u'_h 是基于数值求解得到的数据拟合, 而 $Q_\mu u'_h$ 则是对这些数据进行的一种新的表示.

定理 2.4.9 设 $\mathcal{T}_\mu$ 是 I 上的拟一致有限元剖分且 $u \in H_0^1(I) \bigcap H^3(I)$. 若 $u_h \in H_0^1(I)$ 满足

$$\|u - u_h\| \leqslant Ch^2\|u\|_2,$$

则

$$\|Q_\mu u'_h - u'\| \leqslant C(\mu^2 + h^2/\mu)\|u\|_3.$$

特别地, 当 $\mu = \mathcal{O}(h^{2/3})$ 时, 有

$$\|Q_\mu u_h' - u'\| \leqslant Ch^{4/3}\|u\|_3.$$

证明　对任何 $g \in L^2(I)$ 有

$$(Q_\mu(u - u_h)', g) = ((u - u_h)', Q_\mu g) = -(u - u_h, (Q_\mu g)').$$

由

$$\|(Q_\mu g)'\| \leqslant C\mu^{-1}\|Q_\mu g\| \leqslant C\mu^{-1}\|g\|$$

得到

$$|(Q_\mu(u - u_h)', g)| \leqslant C\mu^{-1}\|u - u_h\|\|g\|.$$

故我们有

$$\|Q_\mu(u - u_h)'\| \leqslant Ch^2/\mu\|u\|_3.$$

最后由

$$Q_\mu u_h' - u' = Q_\mu(u_h - u)' + Q_\mu u' - u'$$

及

$$\|Q_\mu u' - u'\| \leqslant C\mu^2\|u\|_3$$

便完成了定理之证明.　　　　　　　　　　　　　　　　　　　$\Box$

注意到, 即使有估计

$$\|u - u_h\| \leqslant Ch^2\|u\|_2,$$

我们一般也只有

$$\|(u - u_h)'\| \leqslant Ch\|u\|_2.$$

我们指出, 另一类相关的最小二乘后处理亦可提高导数的逼近精度

(见本章问题 16).

以上讨论的是整体重构. 事实上, 当剖分有一定结构时, 可以进行局部重构. 我们以利用二次元进行后处理以提高逼近精度来说明之. 实际上, 这里介绍的是一种离散形式的重构. 给定剖分 $\mathcal{T}_h$:

$$0 = x_0 < x_{1/2} < x_1 < \cdots < x_{j-1} < x_{j-1/2} < x_j$$
$$< \cdots < x_{n-1} < x_{n-1/2} < x_n = 1,$$

其中 $x_{j-1/2} = (x_{j-1} + x_j)/2, h = \max\limits_{1 \leqslant j \leqslant n} h_j$ 而 $h_j = x_j - x_{j-1}$.

对应剖分 $\mathcal{T}_h$ 的二次 Lagrange 节点的基函数为

$$\psi_0(x) = \begin{cases} \dfrac{2(x - x_{1/2})(x - x_1)}{h_1^2}, & x \in [x_0, x_1], \\ 0, & \text{其他}, \end{cases}$$

$$\psi_{j-1/2}(x) = \begin{cases} \dfrac{-4(x - x_{j-1})(x - x_j)}{h_j^2}, & x \in [x_{j-1}, x_j], \\ 0, & \text{其他}, \end{cases} \quad j = 1, 2, \cdots, n,$$

$$\psi_j(x) = \begin{cases} \dfrac{2(x - x_{j-1})(x - x_{j-1/2})}{h_j^2}, & x \in [x_{j-1}, x_j), \\ \dfrac{2(x - x_{j+1/2})(x - x_{j+1})}{h_{j+1}^2}, & x \in [x_j, x_{j+1}), \\ 0, & \text{其他}, \end{cases} \quad j = 1, 2, \cdots, n-1,$$

$$\psi_n(x) = \begin{cases} \dfrac{2(x - x_{n-1})(x - x_{n-1/2})}{h_n^2}, & x \in [x_{n-1}, x_n], \\ 0, & \text{其他}. \end{cases}$$

二次有限元空间

$$\tilde{S}_h = \{v \in H^1(I) : v \mid_\tau \in \mathbb{P}_2, \forall \tau \in \mathcal{T}_h\}$$

满足 (参见问题 13)

$$\tilde{S}_h = \text{span}\{\psi_0, \psi_j, \psi_{j-1/2} : j = 1, 2, \cdots, n\}.$$

二次 Lagrange 插值为

$$\Pi_h u(x) = \sum_{j=0}^n u(x_j)\psi_j(x) + \sum_{j=1}^n u(x_{j-1/2})\psi_{j-1/2}(x).$$

假设有限元剖分 $\mathcal{T}_h$ 是通过有限元剖分 $\mathcal{T}_{2h}$ 中点加密而得. 记 Π_{2h} 是剖分 $\mathcal{T}_{2h}$ 上的二次有限元 Lagrange 插值. 设

$$\mathcal{T}_{2h} = \{[y_{j-1}, y_j) : j = 1, 2, \cdots, m\},$$

$$\mathcal{T}_h = \{[x_{j-1}, x_j) : j = 1, 2, \cdots, n\}, n = 2m,$$

$$y_j = x_{2j}, y_{j-1/2} = x_{2j-1},$$

$$S_h = \{v \in H^1(I) : v|_\tau \in \mathbb{P}_1, \forall \tau \in \mathcal{T}_h\}$$

$$= \mathrm{span}\{\phi_j : j = 0, 1, 2, \cdots, n\},$$

$$\tilde{S}_{2h} = \{v \in H^1(I) : v|_\tau \in \mathbb{P}_2, \forall \tau \in \mathcal{T}_{2h}\}$$

$$= \mathrm{span}\{\Phi_j : j = 0, 1, 2, \cdots, n\},$$

其中

$$\Phi_j = \begin{cases} \psi_l, & \text{当 } j = 2l,\ l = 0, 1, 2, \cdots, m, \\ \psi_{l-1/2}, & \text{当 } j = 2l-1,\ l = 1, 2, \cdots, m, \end{cases}$$

而 ψ_l 是相应有限元剖分 $\mathcal{T}_{2h}$ 的分片二次 Lagrange 节点基函数, 那么相应有限元剖分 $\mathcal{T}_h$ 上的分片线性有限元 Lagrange 插值为

$$I_h u(x) = \sum_{j=0}^n u(x_j)\phi_j(x),$$

而相应有限元剖分 $\mathcal{T}_{2h}$ 上的分片二次有限元 Lagrange 插值 Π_{2h} 为

$$\Pi_{2h} u(x) = \sum_{j=0}^n u(x_j)\Phi_j(x),$$

且有

命题 2.4.2 (1) $\Pi_{2h} I_h w = \Pi_{2h} w, \forall w \in C(I)$;

(2) $\|\Pi_{2h}v\|_{1,p} \leqslant C\|v\|_{1,p}, \forall v \in S_h, p = 2, \infty;$

(3) $\|u - \Pi_{2h}u\|_{0,p,\tau} + h_\tau\|(u - \Pi_{2h}u)'\|_{0,p,\tau} \leqslant Ch_\tau^{1+s}\|u^{(1+s)}\|_{0,p,\tau},$

$$s = 1, 2; \ p = 2, \infty; \ \tau \in \mathcal{T}_{2h}.$$

定理 2.4.10　若 $u_h \in S_h^0$ 是

$$\int_0^1 (u_h'v' + u_hv)\mathrm{d}x = \int_0^1 fv\mathrm{d}x, \quad \forall v \in S_h^0$$

的分片线性有限元解, 则

$$\|u - \Pi_{2h}u_h\|_1 \leqslant Ch^2\|u\|_3.$$

证明　由恒等式

$$\Pi_{2h}u_h - u = \Pi_{2h}(u_h - I_hu) + \Pi_{2h}(I_h - I)u + (\Pi_{2h} - I)u$$

及定理 2.4.6 即得.　　　　　　　　　　　　　　　　　　　　　$\square$

注记 2.4.1　注意到

$$u_h(x) = \sum_{j=0}^n u_h(x_j)\phi_j(x),$$

而

$$\Pi_{2h}u_h(x) = \sum_{j=0}^n u_h(x_j)\Phi_j(x),$$

由此我们得到: 有限元解相应的离散数据通过不同基拟合所得到的逼近解精度可以不一样. 也就是说, 数据一样, 不同的模型尽管计算量相当, 也会导致逼近精度完全不同的逼近.

本节最后, 我们讨论有限元分层基/等级基/袭承基 (hierarchical basis)[①]. 从而通过分层基, 建立分片常数元和分片线性元之间内在的联系.

———————————

① YSERENTANT H. On the multi-level splitting of finite element spaces. Numer. Math., 1986, 49: 379–412.

我们在下面的讨论中设 $\mathcal{T}_h$ 是一致剖分, 并取 $h = 2^{-n}, n = 0, 1, 2, \cdots$.

(1) 分片常数有限元

考虑有限元空间

$$S_{2^{-n}} = \{v \in L^2(I) : v|_\tau \text{是常数}, \ \forall \tau \in \mathcal{T}_{2^{-n}}\}.$$

若记

$$H(x) = \begin{cases} 1, & x \in \left[0, \dfrac{1}{2}\right), \\[2mm] -1, & x \in \left[\dfrac{1}{2}, 1\right), \end{cases}$$

$$H_{k,j}(x) = 2^{(k-1)/2} H(2^{k-1}x - j + 1),$$

$$j = 1, 2, \cdots, 2^{k-1}; k = 1, 2, \cdots, n,$$

则有

$$S_1 = \text{span}\{\chi_I\}, w_k = \text{span}\{H_{k,j} : j = 1, 2, \cdots, 2^{k-1}\},$$

$$S_{2^{-n}} = S_{2^{-n+1}} \oplus w_n = S_1 \oplus w_1 \oplus w_2 \oplus \cdots \oplus w_n.$$

(2) 分片线性有限元

若记 $\phi_{0,1}(x) = x - 1$, $\phi_{0,2}(x) = x$,

$$\phi(x) = \begin{cases} 2x, & x \in \left[0, \dfrac{1}{2}\right), \\[2mm] -2(x-1), & x \in \left[\dfrac{1}{2}, 1\right], \end{cases}$$

$$\phi_{k,j}(x) = \begin{cases} 2^k \left(x - \dfrac{2j-2}{2^k}\right), & x \in \left[\dfrac{2j-2}{2^k}, \dfrac{2j-1}{2^k}\right), \\[2mm] -2^k \left(x - \dfrac{2j}{2^k}\right), & x \in \left[\dfrac{2j-1}{2^k}, \dfrac{2j}{2^k}\right), \\[2mm] 0, & \text{其他}, \end{cases}$$

$$j = 1, 2, \cdots, 2^{k-1}; k = 1, 2, \cdots, n,$$

则有

$$\phi'(x) = 2H(x),$$
$$\phi_{k,j}(x) = \phi(2^{k-1}x - j + 1), \ j = 1, 2, \cdots, 2^{k-1}; k = 1, 2, \cdots, n,$$
$$\phi'_{k,j}(x) = 2^{(k+1)/2}H_{k,j}(x), \ j = 1, 2, \cdots, 2^{k-1}; k = 1, 2, \cdots, n.$$

对于分片线性有限元空间 $S_{2^{-n}}$ 和 $S^0_{2^{-n}}$ 来说, 它们有两类基: 标准节点基函数与分层基函数. 在节点基下有

$$S_{2^{-n}} = \text{span}\{\phi_j : j = 0, 1, 2, \cdots, 2^n\}, n = 1, 2, \cdots,$$
$$S^0_{2^{-n}} = \text{span}\{\phi_j : j = 1, 2, \cdots, 2^n - 1\}, n = 1, 2, \cdots.$$

而在分层基下,

$$S_{2^{-n}} = S_{2^{-n+1}} \oplus w_n = S_1 \oplus w_1 \oplus w_2 \oplus \cdots \oplus w_n, \quad n = 1, 2, \cdots,$$
$$S^0_{2^{-n}} = S^0_{2^{-n+1}} \oplus w_n = w_1 \oplus w_2 \oplus \cdots \oplus w_n, \quad n = 1, 2, \cdots,$$

其中 $S_1 = \text{span}\{\phi_{0,1}, \phi_{0,2}\}$, $S^0_1 = \{0\}$, $w_k = \text{span}\{\phi_{k,j} : j = 1, 2, \cdots, 2^{k-1}\}$, $k = 1, 2, \cdots, n$.

从上面的讨论可以看出, 分片常数有限元空间及其基与分片线性有限元空间及其基密切关联. 同时, 利用有限元空间和基的分层技术可以处理很多的困难问题. 另外, 这里的生成函数 $H(x)$ 和 $\phi(x)$ 可以用来做机器学习中的激活函数.

2.5 多元函数逼近与投影 Boole 和

当今科学与工程、社会与经济等中的许多数学模型是多维甚至高维问题. 例如, Boltzmann (玻尔兹曼) 方程涉及 $(6+1)$ 维、Frobenius-Perron (弗罗贝尼乌斯–佩龙) 方程可以是 10^6 维、Schrödinger (薛定谔) 方程为 $3N$ 维数 (其中 N 为粒子数, 可高达 $\mathcal{O}(10^{23})$, 如硅有 14 个

电子, 相应的 Schrödinger 方程是 42 维).

这些问题的传统的数值计算方法都会导致维数烦恼/灾难 (curse of dimensionality): 若达到 ε 的近似精度, 则通常的计算的复杂度是 $\mathcal{O}(\varepsilon^{-d})$, 其中 d 为相应计算问题的维度, 即计算的复杂度呈指数增加. 例如, 构造 $[0,1]^d$ 上 d-线性 Lagrange 插值 $I_h u$ 需要 $(h^{-1}+1)^d$ 自由度, 其中 h 为步长, 而逼近精度 $\|\nabla(u - I_h u)\| = \mathcal{O}(h)$. 因此, 需要特别处理高维问题的数值方法. 一般地, 处理复杂问题最基本的方法无外乎是基于对问题进行分类处理或采用平均技术进行简化.

传统的处理高维问题的方法包括

(1) Monte Carlo (蒙特卡罗) 方法;

(2) 拟 Monte Carlo 方法

代数方法: 华–王方法、格子点方法;

降维方法: 低秩逼近、主维度/成分逼近;

Boole (布尔) 和: 稀疏格点方法.

以上方法可以归结为代数方法 (分类) 与统计方法 (平均). 而基于 Boole 和的稀疏格点方法这些年来受到人们的关注.

根据 Kolmogorov (柯尔莫戈洛夫) 叠加 (superposition)/表示 (representation) 定理, 任何多元连续函数都可以基于一元连续函数组合得到[1]. 我们注意到, 现代机器学习被认为是处理高维问题潜在的有效方法[2]. 机器学习最基本的策略包括分类与统计处理. 例如, 激活函数用来

---

[1] BRAUN J, GRIEBEL M. On a constructive proof of Kolmogorov's superposition theorem. Constr. Approx., 2009, 30: 653-675.

SHEN Z, YANG H, ZHANG S. Optimal approximation rate of ReLU networks in terms of width and depth. J. Math. Pures Appl., 2022, 157: 101-135.

[2] E W, MA C, WOJTOWYTSCH S, WU L. Towards a mathematical understanding of neural network-based machine learning: what we know and what we don't. CSIAM Trans. Appl. Math., 2020, 1: 561-615.

SIEGEL J W, XU J. Approximation rates for neural networks with general activation functions. Neural Networks, 2020, 128: 313-321.

对问题进行分类或分层处理, 可以认为是从代数或几何角度着眼.

本节将主要探讨如何利用 Boole 和技巧来减少维数对多元函数插值逼近的复杂度的影响. 基本的策略是利用多分辨技术/多尺度方法将乘法变成加法.

一般地, 多尺度方法的关键是: 抓住低频, 处理高频. 对于多维问题, 其高频由单维高频与单维低频之积两部分组成. 基于 Boole 和的稀疏格点方法便是对第二部分高频做文章.

设 $\mathcal{T}_h$ 是 $[0,1)$ 上步长为 $h = 1/n$ 的一致剖分:

$$\mathcal{T}_h = \left\{ \left[\frac{j-1}{n}, \frac{j}{n} \right) : j = 1, 2, \cdots, n \right\}.$$

分片线性有限元空间

$$S_h = \{ v \in C(I) : v|_\tau \text{ 线性}, \ \forall \tau \in \mathcal{T}_h \}.$$

标准的 Lagrange 插值 $I_h u$:

$$(I_h u)(x) = \sum_{j=0}^{n} u \left(\frac{j}{n} \right) \phi_j(x)$$

满足

$$\| u - I_h u \| + h \| (u - I_h u)' \| \leqslant C h^2 \| u'' \|,$$

其中 $\phi_j \left(\dfrac{l}{n} \right) = \delta_{jl} (j, l = 0, 1, 2, \cdots, n)$. 设 $\mathcal{T}_h$ 是由 $\mathcal{T}_{2h}$ 加密而成, 并将 I_h 分解为

$$I_h = I_{2h} + I_h - I_{2h}.$$

二维区域 $I \times I = [0,1]^2$ 上的剖分为 $\mathcal{T}_h^2 = \mathcal{T}_h \times \mathcal{T}_h$, 相应的有限元空间为

$$S_h(I^2) = S_h(I) \times S_h(I).$$

标准的 Lagrange 插值 $I_h^2 u$ 为

$$(I_h^2 u)(x_1, x_2) = \sum_{j=0}^{n} \sum_{l=0}^{n} u\left(\frac{j}{n}, \frac{l}{n}\right) \phi_j(x_1)\phi_l(x_2).$$

我们定义 Boole-Lagrange 插值 $\tilde{I}_h^2$ 为

$$\tilde{I}_h^2 = I_{2h}^2 + I_{2h}^{x_1}(I_h^{x_2} - I_{2h}^{x_2}) + (I_h^{x_1} - I_{2h}^{x_1})I_{2h}^{x_2},$$

亦即

$$\tilde{I}_h^2 = I_h^{x_1}I_{2h}^{x_2} + I_{2h}^{x_1}I_h^{x_2} - I_{2h}^{x_1}I_{2h}^{x_2}.$$

不难知道: Boole-Lagrange 插值 $\tilde{I}_h^2 u$ 未用到的插值点共为完整网格点的 1/4, 即 Boole-Lagrange 插值 $\tilde{I}_h^2 u$ 只用到标准的 Lagrange 插值 $I_h^2 u$ 所需要的网格点的 3/4. 但我们有如下的结论[①]:

定理 2.5.1　Lagrange 插值与 Boole-Lagrange 插值有如下关系:

$$\|I_h^2 u - \tilde{I}_h^2 u\|_{0,p} + h\|\nabla(I_h^2 u - \tilde{I}_h^2 u)\|_{0,p} \leqslant Ch^3\|u\|_{3,p}, \quad p = 2, \infty,$$

$$\|I_h^2 u - \tilde{I}_h^2 u\|_{0,p} \leqslant Ch^4\|u\|_{4,p}, \quad p = 2, \infty.$$

证明　由于 $I_h^{x_j} = I_{2h}^{x_j} + I_h^{x_j} - I_{2h}^{x_j}$, 故

$$I_h^2 - \tilde{I}_h^2 = (I_h^{x_1} - I_{2h}^{x_1})(I_h^{x_2} - I_{2h}^{x_2}).$$

由此, 我们便能完成定理之证明.　　　　　□

推论 2.5.1　有如下估计式

$$\|u - \tilde{I}_h^2 u\|_{0,p} + h\|\nabla(u - \tilde{I}_h^2 u)\|_{0,p} \leqslant Ch^3\|u^{(3)}\|_{0,p}, \quad p = 2, \infty.$$

这表明, 只用标准有限元插值点的 3/4 就能得到逼近精度与标准 Lagrange 插值相当的 Boole-Lagrange 插值. 对于三维, 只用一半的标准 Lagrange 插值点能得到逼近精度与标准 Lagrange 插值相当的 Boole-

① LIN Q, YAN N, ZHOU A. A sparse finite element method with high accuracy Part I. Numer. Math., 2001, 88: 731-742.

Lagrange 插值.

如果 I 上的格点集为 $\omega_n = \{2^n j : j = 0, 1, 2, \cdots, 2^n\}$, 那么二维标准格点集为 $\omega_{n,n} = \omega_n \times \omega_n$, 其格点数是 $|\omega_{n,n}| = \mathcal{O}(2^{2n})$. 而稀疏格点集为

$$\omega_{n,n}^s = \bigcup_{i+j=n+1} w_j \times \omega_j,$$

相应的格点数是 $|\omega_{n,n}^s| = \mathcal{O}(2^n n)$. 一般地, I^d 上的标准格点集为

$$\omega_{n,n,\cdots,n} = \omega_n \times \omega_n \times \cdots \times \omega_n,$$

相应的格点数是 $|\omega_{n,n,\cdots,n}| = \mathcal{O}(2^{nd})$. 而稀疏格点集为

$$\omega_{n,n,\cdots,n}^s = \bigcup_{j_1+j_2+\cdots+j_d=n+d-1} \omega_{j_1} \times \omega_{j_2} \times \cdots \times \omega_{j_d},$$

其格点数是

$$|\omega_{n,n,\cdots,n}^s| = \sum_{j=0}^{n-1} 2^j \mathrm{C}_{d-1+j}^{d-1} = 2^n \left(\frac{n^{d-1}}{(d-1)!} + \mathcal{O}(n^{d-2}) \right) = \mathcal{O}(2^n n^{d-1}).$$

我们再考虑相应的有限元空间. 一维标准有限元空间可分解成

$$S_{2^{-n}} = S_{2^{-n+1}} \oplus w_n, n = 1, 2, \cdots,$$
$$S_{2^{-n}}^0 = S_{2^{-n+1}} \oplus w_n = \sum_{j=1}^n w_j.$$

而 d 维标准有限元空间

$$S_{2^{-n},\cdots,2^{-n}}^0 = S_{2^{-n}}^0 \otimes \cdots \otimes S_{2^{-n}}^0 = \sum_{1 \leqslant j_l \leqslant n, l=1,2,\cdots,d} w_{j_1} \otimes \cdots \otimes w_{j_d}.$$

显然

$$|S_{2^{-n},\cdots,2^{-n}}^0| = \mathcal{O}(2^{nd}),$$
$$\inf_{v \in S_{2^{-n},\cdots,2^{-n}}^0} \|u - v\|_1 = \mathcal{O}(2^{-n}), \quad \forall u \in H_0^1(I^d) \bigcap H^2(I^d).$$

对于稀疏格点上的有限元空间

$$\hat{S}^0_{2^{-n},\cdots,2^{-n}} = \sum_{\substack{j_1+\cdots+j_d\leqslant n+d-1,1\leqslant j_l\leqslant n \\ l=1,\cdots,d}} w_{j_1}\otimes\cdots\otimes w_{j_d},$$

有

$$|\hat{S}^0_{2^{-n},\cdots,2^{-n}}| = \mathcal{O}(2^n n^{d-1}),$$

$$\inf_{v\in\hat{S}^0_{2^{-n},\cdots,2^{-n}}}\|u-v\|_1 = \mathcal{O}(2^{-n}n^{d-1}),\quad \forall u\in H^1_0(I^d)\bigcap W^{2,d}(I),$$

其中

$$W^{2,d}(I^d) = \{u\in H^1(I^d):\partial_{x_1}\partial_{x_2}\cdots\partial_{x_d}u\in H^1(I^d)\}.$$

一维 Lagrange 插值 I_h 和函数 u 可以进行如下的多尺度分解：

$$I_{2^{-n}} = \sum_{j=1}^n(I_{2^{-j}}-I_{2^{-j+1}}),\; I_{2^0}=0,$$

$$u = \sum_{n=0}^\infty(I_{2^{-n}}-I_{2^{-n+1}})u,\quad \forall u\in C(I).$$

多维 $[0,1]^d$ 上的 Lagrange 插值 $I^d_{2^{-n}}$ 相应的多尺度展开为

$$I^d_{2^{-n}} = I^{x_1}_{2^{-n}}\cdots I^{x_d}_{2^{-n}} = \prod_{l=1}^d\sum_{j_l=1}^n(I^{x_l}_{2^{-j_l}}-I^{x_l}_{2^{-j_l+1}}).$$

稀疏格点上的插值是 $H^1_0(I^d)\bigcap C(I^d)$ 到 $\hat{S}^0_{2^{-n},\cdots,2^{-n}}$ 上的算子 $I^s_{2^{-n},\cdots,2^{-n}}$：

$$I^s_{2^{-n},\cdots,2^{-n}}u = \sum_{j_1+\cdots+j_d\leqslant n+d-1,1\leqslant j_l\leqslant n}\prod_{l=1}^d(I^{x_l}_{2^{-j_l}}-I^{x_l}_{2^{-j_l+1}})u$$

满足

$$I^s_{2^{-n},\cdots,2^{-n}}w = w \text{ 于 } \omega^s_{n,\cdots,n}.$$

该插值满足

$$\|u - \tilde{I}_{2^{-n},\cdots,2^{-n}}^s u\|_0 + 2^{-n}\|u - \tilde{I}_{2^{-n},\cdots,2^{-n}}u\|_1 = \mathcal{O}(2^{-2n}n^{d-1}),$$

$$\forall u \in H_0^1(I^d) \bigcap W^{2,d}(I^d).$$

注记 2.5.1　稀疏网格具有自相似性, 格点添加具有天然的自适应性.

稀疏格点上的插值可以表示成多维 Lagrange 插值的组合

$$I_{2^{-n},\cdots,2^{-n}}^s = \sum_{m=1}^d (-1)^{m+1} C_{d-1}^{m-1} \sum_{j_1+\cdots+j_d\leqslant n+d-m,1\leqslant j_1,\cdots,j_d\leqslant n} I_{2^{-j_1}}^{x_1}\cdots I_{2^{-j_d}}^{x_d}.$$

二维形式:

$$I_{2^{-n},2^{-n}}^s = \sum_{j+l=n+1,1\leqslant j,l\leqslant n} I_{2^{-j}}^{x_1}I_{2^{-l}}^{x_2} - \sum_{j+l=n,1\leqslant j,l\leqslant n} I_{2^{-j}}^{x_1}I_{2^{-l}}^{x_2}.$$

三维形式:

$$I_{2^{-n},2^{-n},2^{-n}} = \sum_{j+l+k=n+2,1\leqslant j,l,k\leqslant n} I_{2^{-j}}^{x_1}I_{2^{-l}}^{x_2}I_{2^{-k}}^{x_3} -$$
$$\sum_{j+l+k=n+1,1\leqslant j,l,k\leqslant n} I_{2^{-j}}^{x_1}I_{2^{-l}}^{x_2}I_{2^{-k}}^{x_3} +$$
$$\sum_{j+l+k=n,1\leqslant j,l,k\leqslant n} I_{2^{-j}}^{x_1}I_{2^{-l}}^{x_2}I_{2^{-k}}^{x_3}.$$

我们同样有稀疏格点上的有限元逼近方法和理论[1].

问　　题

1. 为什么会出现 Runge 现象?

2. 试证明定理 2.2.5.

[1] BUNGARTZ H J, GRIEBEL M. Sparse grids. Acta Numer., 2004, 13: 147-269.

PFLAUM C, ZHOU A. Error analysis of the combination technique. Numer. Math., 1999, 84: 327-350.

3. 试证明定理 2.2.6

4. 试讨论构造 Lagrange 插值与 Newton 插值的计算量[①].

5. 试证明: 如果定义

$$f[x,x] = f'(x),$$

那么有

$$\frac{\mathrm{d}}{\mathrm{d}x}f[x_0,x_1,\cdots,x_n,x] = f[x_0,x_1,\cdots,x_n,x,x].$$

6. 试证明命题 2.2.1.

7. 试证明定理 2.2.8.

8. 设 $(X,(\cdot,\cdot))$ 是 Hilbert 空间. 试证明: 若 $x \in X$, 则

$$P_n x = \arg\min\{\|x - y\| : y \in X_n\}$$

当且仅当

$$(x - P_n x, y) = 0, \quad \forall y \in X_n.$$

9. 试证明由 (2.19) 式确定的多项式 $p_n(n = 1,2,\cdots)$ 的零点均在 (a,b) 内且是单的.

10. 是否任何由 Gram-Schmidt 正交化 (2.19) –(2.21) 式确定的多项式 $p_n(n = 0,1,2,\cdots)$ 恰好都是某函数空间上一二阶微分算子的特征函数?

11. 试讨论 (2.24) 式中 $p(x)$ 的存在唯一性.

12. 试证明定理 2.4.1.

13. 试证明: 由 (2.26) 式定义的有限元空间 $S_h \subset C(I)$.

14. 试证明: 区间 I 上的分片多项式的连续函数空间是 $H^1(I)$ 的子空间.

---

① BERRUT J P, TREFETHEN L N. Barycentric Lagrange interpolation. SIAM Rev., 2004, 46: 501-517.

15. (1) 对于高维问题, 什么情况下会发生有限元解与其插值一样?

(2) 对于高次元, 是否会有有限元解与其插值一样的结论?

16. 是否有定理 2.4.9 的离散形式? 比如, 如下定义的离散最小二乘解 $q_\mu u_h'$:

$$q_\mu u_h' = \arg \min_{v \in S_\mu} \|u_h' - v\|_{\omega_\mu}$$

是否在某些点上具有比 u_h' 更高阶逼近 u' 的精度?

17. 设 $\mathcal{T}_h$ 是 I 上的拟一致有限元剖分, $u \in H^3(I)$ 且 $u_h \in H^1(I)$ 满足

$$\|u - u_h\| \leqslant Ch^2 \|u\|_2.$$

试证明:

$$\|(\widetilde{Q}_\mu u_h)' - u'\| \leqslant C(\mu^2 + h^2/\mu)\|u\|_3.$$

从而当 $\mu = \mathcal{O}(h^{2/3})$ 时有

$$\|(\widetilde{Q}_\mu u_h)' - u'\| \leqslant Ch^{4/3}\|u\|_3.$$

这里 $\widetilde{Q}_h : L^2(I) \longrightarrow \widetilde{S}_h$ 是 L^2 投影:

$$(u - \widetilde{Q}_h u, v) = 0, \quad \forall v \in \widetilde{S}_h.$$

18. 如何建立问题 16 结论的离散形式?

19. 试证明命题 2.4.2.

20. 如何构造分片高次元的分层基?

21. 试构造三维 Boole-Lagrange 插值, 使其只用一半的标准 Lagrange 插值点也能得到与标准 Lagrange 插值相当的逼近精度.

22. 现代机器学习的核心问题是如何有效地逼近高维空间上的函数. 试问: 什么样的高维空间上的函数可以通过机器学习的方式来逼近呢? 与传统的方法相比, 机器学习方法有何优势?

第三章 数值积分

　　第二章讨论的是为数值求根和求极值提供有限维函数逼近的基础及其高精度后处理技术[①], 包括有限维函数子空间构造与表示, 以及基于有限数据的重构. 这一章我们将着眼于求积的有限和逼近.

　　积分是一典型的数学模型, 是一类连续和, 也是一类复杂的求和. 其中, Newton-Leibniz (牛顿–莱布尼茨) 公式就是计算这类复杂求和的一种非常重要的解析计算公式. 但能用 Newton-Leibniz 公式求积分的是少数, 大多数的积分通常需要进行数值逼近. 复杂求和通常是无限求和或大规模求和, 因此, 我们往往需要用有限求和或小规模求和来代替或逼近复杂求和以及大规模求和.

3.1　插值型数值积分

　　由于利用函数 $f(x)$ 在 $[a,b]$ 上的若干点 $x_0, x_1, x_2, \cdots, x_n$ 处的值得到的插值多项式 $(L_n f)(x)$ 可以将 $f(x)$ 近似地表示出来:

$$f(x) \approx (L_n f)(x),$$

故 $f(x)$ 在 $[a,b]$ 上的积分可以近似地表示为

[①]不少数学模型是或者源于求根和求极值.

$$\int_a^b f(x)\mathrm{d}x \approx \int_a^b (L_nf)(x)\mathrm{d}x.$$

注意到, 多项式 $(L_nf)(x)$ 的积分 $\displaystyle\int_a^b (L_nf)(x)\mathrm{d}x$ 容易得到. 于是, 我们得到了两类数值积分方法:

(1) 当 $(L_nf)(x)$ 为 $\mathbb{P}_n$ 上的整体多项式插值 (如 Lagrange 插值和 Newton 插值) 时, 等距插值点上相应的积分公式称为 Newton-Cotes (牛顿–科茨) 积分公式.

(2) 当 $(L_nf)(x)$ 为分片多项式插值时, 称等距插值点上相应的积分公式为复化 Newton-Cotes 积分公式.

对 $f \in C[a,b]$, 记

$$Q(f) = \int_a^b f(x)\mathrm{d}x, \quad Q_n(f) = \sum_{j=0}^n w_j f(x_j), \tag{3.1}$$

其中 $x_0, x_1, x_2, \cdots, x_n \in [a,b]$.

定义 3.1.1 称 (3.1) 式中的 $Q_n(f)$ 为 $Q(f)$ 的**机械求积公式**, w_j 为其积分系数/权, 而 x_j 为积分节点. 若 $r \geqslant 1$,

$$Q(f) = Q_n(f), \quad \forall f \in \mathbb{P}_r,$$

且存在 $f \in \mathbb{P}_{r+1}$ 使得

$$Q(f) \neq Q_n(f),$$

则称求积公式 $Q_n(f)$ 的**代数精度**是 r.

Szegö 定理已给出了机械求积公式收敛的充分必要条件 (见定理 1.2.1). 我们这里讨论机械求积公式的逼近精度.

定理 3.1.1 机械求积公式 $Q_n(f)$ 的代数精度不能超过 $2n + 1$.

证明 用反证法证明. 若机械求积公式 $Q_n(f)$ 的代数精度超过

$2n + 1$, 则

$$Q(f) = Q_n(f), \quad \forall f \in \mathbb{P}_{2n+2}.$$

特别地, 上式对 $f(x) = \omega_{n+1}^2(x)$ 成立, 即

$$\int_a^b \omega_{n+1}^2(x)\mathrm{d}x = \sum_{j=0}^n w_j \omega_{n+1}^2(x_j) = 0,$$

其中 $\omega_{n+1}(x)$ 由 (2.3) 式定义. 但显然

$$\int_a^b \omega_{n+1}^2(x)\mathrm{d}x > 0,$$

矛盾. 这就完成了定理的证明. □

定义 3.1.2 如果 $(L_n f) \in \mathbb{P}_n$ 是函数 f 的插值:

$$(L_n f)(x_j) = f(x_j), \quad j = 0, 1, 2, \cdots, n,$$

而

$$Q_n(f) = \int_a^b (L_n f)(x)\mathrm{d}x, \tag{3.2}$$

那么称 $Q_n(f)$ 是 $Q(f)$ 的**插值型积分公式**.

定理 3.1.2 插值型积分公式 (3.2) 由条件

$$Q(f) = Q_n(f), \quad \forall f \in \mathbb{P}_n \tag{3.3}$$

唯一确定且

$$w_j = \frac{1}{\omega_{n+1}'(x_j)} \int_a^b \frac{\omega_{n+1}(x)}{x - x_j}\mathrm{d}x, \quad j = 0, 1, 2, \cdots, n. \tag{3.4}$$

证明 对 $f \in C[a, b]$, 记

$$(L_n f)(x) = \sum_{j=0}^n f(x_j) l_j(x)$$

为 f 关于插值点 $x_0, x_1, x_2, \cdots, x_n$ 的 Lagrange 插值.

由 (2.6) 式, 我们得到

$$\int_a^b (L_n f)(x)\mathrm{d}x = \sum_{j=0}^n f(x_j)\int_a^b l_j(x)\mathrm{d}x.$$

若记

$$w_j = \int_a^b l_j(x)\mathrm{d}x = \int_a^b \prod_{l=0,l\neq j}^n \frac{x-x_l}{x_j-x_l}\mathrm{d}x,$$

则 w_j 满足 (3.4) 式. 从而我们得到 (3.3) 式.

反之, 由 (3.2) 式是插值型积分公式即有

$$Q(L_n f) - Q_n(L_n f) = 0, \quad \forall f \in C[a,b].$$

简单运算得到: 上式等价于

$$\sum_{j=0}^n \left(\int_a^b l_j(x)\mathrm{d}x - w_j\right) f(x_j) = 0, \quad \forall f \in C[a,b].$$

由 f 的任意性, 我们得到 (3.4) 式以及 (3.3) 式. □

定理 3.1.2 表明

推论 3.1.1 插值型积分公式的代数精度至少是 n.

我们下面讨论等距插值点上相应的插值型积分公式即 Newton-Cotes 积分公式的收敛性与误差估计. 设积分节点是等距的: $x_j = a + jh(j=0,1,2,\cdots,n), h = \dfrac{b-a}{n}$.

首先, 简单推导有

定理 3.1.3 Newton-Cotes 积分公式 $Q_n(f)$ 关于积分节点 $\{x_j : j=0,1,2,\cdots,n\}$ 的积分系数

$$w_j = \frac{(-1)^{n-j}h}{j!(n-j)!}\int_0^n \prod_{l=0,l\neq j}^n (x-l)\mathrm{d}x$$

且 $w_j = w_{n-j}, j = 0, 1, 2, \cdots, n.$

定理 3.1.4　当 n 为奇数时, Newton-Cotes 积分公式具有 n 阶代数精度; 当 n 为偶数时, Newton-Cotes 积分公式具有 $n+1$ 阶代数精度.

证明　只需证明后一部分. 设 n 为偶数. 若记

$$E_n(f) = Q(f) - Q_n(f),$$

则由 (2.7) 式有

$$E_n(x^{n+1}) = \int_a^b \omega_{n+1}(x)\mathrm{d}x.$$

利用变换 $x = a + th$, 上式变为

$$E_n(x^{n+1}) = h^{n+2} \int_0^n \prod_{j=0}^n (t - j)\mathrm{d}t.$$

因为 n 是偶数, 所以 $m = n/2$ 为整数. 于是, 当做 $y = t - m$ 变换后, 我们得到

$$E_n(x^{n+1}) = h^{n+2} \int_{-m}^m y \prod_{j=1}^m (y^2 - j^2)\mathrm{d}y.$$

注意到上式中被积函数是奇函数, 我们又有

$$E_n(x^{n+1}) = 0.$$

通过细致地分析, 我们还可以证明

$$E_n(x^{n+2}) \neq 0.$$

这样我们就得到: Newton-Cotes 积分公式具有 $n+1$ 阶代数精度.　　□

进一步, 我们有如下的误差估计 [16]:

定理 3.1.5　若 $Q_n(f)$ 为 Newton-Cotes 积分公式, 则

(1) 当 $f \in C^{n+1}[a,b]$ 及 n 为奇数时, 存在 $\xi \in (a,b)$ 使得

$$E_n(f) = \frac{f^{(n+1)}(\xi)}{(n+1)!} \int_a^b \omega_{n+1}(x)\mathrm{d}x.$$

(2) 当 $f \in C^{n+2}[a,b]$ 及 n 为偶数时, 存在 $\xi \in (a,b)$ 使得

$$E_n(f) = \frac{f^{(n+2)}(\xi)}{(n+2)!} \int_a^b x\omega_{n+1}(x)\mathrm{d}x.$$

典型的求积公式有

(1) 当 $x_0 = a, x_1 = b$ 时, (3.2) 式称为梯形公式, 它基于线性插值. 此时, $w_0 = w_1 = h/2, h = b - a$, 即

$$\int_a^b f(x)\mathrm{d}x \approx \frac{b-a}{2}(f(a) + f(b))$$
$$= \frac{h}{2}\left(f(x_0) + f(x_1)\right).$$

(2) 当 $x_0 = a, x_1 = \dfrac{a+b}{2}, x_2 = b$ 时, 称 (3.2) 式为 Simpson 公式, 它基于二次插值.

$$\int_a^b f(x)\mathrm{d}x \approx \frac{b-a}{6}\left(f(a) + 4f\left(\frac{a+b}{2}\right) + f(b)\right)$$
$$= \frac{h}{3}\left(f(x_0) + 4f(x_1) + f(x_2)\right).$$

此时, $w_0 = w_2 = h/3, w_1 = 4h/3, h = (b-a)/2$.

推论 3.1.2 (1) 若 $f \in C^2[a,b]$ 且 $h = b - a$, 则存在 $\xi \in [a,b]$ 满足

$$\int_a^b f(x)\mathrm{d}x - \frac{b-a}{2}(f(a) + f(b)) = -\frac{h^3}{12}f''(\xi). \tag{3.5}$$

(2) 若 $f \in C^4[a,b]$ 且 $h = (b-a)/2$, 则存在 $\xi \in [a,b]$ 满足

$$\int_a^b f(x)\mathrm{d}x - \frac{b-a}{6}\left(f(a) + 4f\left(\frac{b+a}{2}\right) + f(b)\right) = -\frac{h^5}{90}f^{(4)}(\xi). \tag{3.6}$$

推论 3.1.3 对任何 $f \in \mathbb{P}_1$, (3.5) 式右端为零; 对任何 $f \in \mathbb{P}_3$, (3.6) 式右端为零. 即数值积分分别准确成立.

给定 $h = \dfrac{b-a}{n}$ 和函数 f, 相应剖分 $\mathcal{T}_h = \{x_j = a + jh : j = 0, 1, 2, \cdots, n\}$ 的分片线性插值之复化 Newton-Cotes 积分公式为

$$Q_n(f) = h\left(\frac{1}{2}f(x_0) + f(x_1) + \cdots + f(x_{n-1}) + \frac{1}{2}f(x_n)\right).$$

此即复化梯形公式.

定理 3.1.6 设 $f \in C^2[a,b]$. 若 $Q_n(f)$ 为复化梯形公式, 则存在 $\xi \in [a,b]$ 使得

$$\int_a^b f(x)\mathrm{d}x - Q_n(f) = -\frac{b-a}{12}h^2 f''(\xi).$$

证明 由推论 3.1.2, 我们有

$$\int_a^b f(x)\mathrm{d}x - Q_n(f) = -\frac{h^3}{12}\sum_{j=1}^n f''(\xi_j),$$

其中 $a \leqslant \xi_1 \leqslant \xi_2 \leqslant \cdots \leqslant \xi_n \leqslant b$. 于是, 由 f 的连续性及

$$\min_{x\in[a,b]} f''(x) \leqslant \frac{1}{n}\sum_{j=1}^n f''(\xi_j) \leqslant \max_{x\in[a,b]} f''(x),$$

我们得到: 存在 $\xi \in [a,b]$ 满足

$$\frac{1}{n}\sum_{j=1}^n f''(\xi_j) = f''(\xi). \qquad\qquad \square$$

当 $n = 2m$ 时, 记

$$\begin{aligned}
Q_n(f) &= \frac{h}{3}(f(x_0) + 4f(x_1) + 2f(x_2) + 4f(x_3) + \cdots + \\
&\quad 2f(x_j) + \cdots + 2f(x_{n-2}) + 4f(x_{n-1}) + f(x_n)) \\
&= \frac{h}{3}\left(f(a) + 4\sum_{j=1}^m f(x_{2j-1}) + 2\sum_{j=1}^{m-1} f(x_{2j}) + f(b)\right),
\end{aligned}$$

其中 $h = (b-a)/n$. 我们称上述求和为复化 Simpson 公式.

利用与定理 3.1.2 以及定理 3.1.6 类似的证明方法, 我们得到

定理 3.1.7 设 $f \in C^4[a,b]$. 若 $Q_n(f)$ 为复化 Simpson 公式, 则存在 $\xi \in [a,b]$ 使得

$$\int_a^b f(x)\mathrm{d}x - Q_n(f) = -\frac{b-a}{180}h^4 f^{(4)}(\zeta).$$

3.2 Gauss 型积分公式

本节我们考虑更一般的加权积分

$$Q(f) = \int_a^b \omega(x)f(x)\mathrm{d}x$$

的数值逼近, 其中 $\omega(x) > 0 (x \in (a,b))$. 给定 $[a,b]$ 上的积分节点

$$a \leqslant x_0 < x_1 < \cdots < x_j < \cdots < x_n \leqslant b.$$

类似于定理 3.1.2, 插值型数值积分的积分权 $w_0, w_1, \cdots, w_n \in \mathbb{R}$ 由条件

$$Q(f) = Q_n(f), \quad \forall f \in \mathbb{P}_n$$

唯一确定, 这里

$$Q_n(f) = \sum_{j=0}^n w_j f(x_j).$$

这一结论也可由如下命题得到[①].

命题 3.2.1 如下的 $2n+2$ 个关于 $x_0, x_1, x_2, \cdots, x_n \in [a,b]$ 和 $w_0, w_1, w_2, \cdots, w_n \in \mathbb{R}$ 的方程

$$\sum_{j=0}^n w_j x_j^l = \int_a^b \omega(x)x^l\mathrm{d}x, \quad l = 0, 1, 2, \cdots, 2n+1 \qquad (3.7)$$

有唯一解, 且 $x_0, x_1, x_2, \cdots, x_n$ 不同, 从而

$$Q(f) = Q_n(f), \quad \forall f \in \mathbb{P}_{2n+1}. \qquad (3.8)$$

[①] 事实上, 这一结论也与定理 3.2.1 和定理 3.2.2 密切相关.

定义 3.2.1 如果 (3.8) 式成立, 那么称 $Q_n(f)$ 为 $Q(f)$ 的 n 阶 Gauss 型积分公式, 积分节点 x_j 称为相应的 **Gauss 点**.

定理 3.2.1 若 $Q_n(f)$ 为 $Q(f)$ 的 Gauss 型积分公式, 则

$$\int_a^b \omega(x)\omega_{n+1}(x)f(x)\mathrm{d}x = 0, \quad \forall f \in \mathbb{P}_n, \tag{3.9}$$

其中 $a \leqslant x_0 < x_1 < x_2 < \cdots < x_n \leqslant b$.

证明 因为对 $f \in \mathbb{P}_n$ 有 $f\omega_{n+1} \in \mathbb{P}_{2n+1}$, 而 $\omega_{n+1}(x_j) = 0$ $(j = 0, 1, 2, \cdots, n)$, 所以

$$\int_a^b \omega(x)\omega_{n+1}(x)f(x)\mathrm{d}x = \sum_{j=0}^n w_j\omega_{n+1}(x_j)f(x_j) = 0, \quad \forall f \in \mathbb{P}_n.$$

定理得证. □

定理 3.2.2 若 $a \leqslant x_0 < x_1 < x_2 < \cdots < x_n \leqslant b$ 满足 (3.9) 式, 则相应的插值型积分公式便是 Gauss 型积分公式.

证明 设 L_nf 是函数 f 的以 $x_0, x_1, x_2, \cdots, x_n$ 为插值点的插值函数. 由定义, 存在 $w_j(j = 0, 1, 2, \cdots, n)$ 使得

$$Q(L_nf) = Q_n(f), \quad \forall f \in C[a,b].$$

由于对 $f \in C[a,b]$, $f - L_nf$ 在 $x_0, x_1, x_2, \cdots, x_n$ 上均为 0, 故任何 $f \in \mathbb{P}_{2n+1}$ 都可表示为

$$f = L_nf + \omega_{n+1}p,$$

其中 $p \in \mathbb{P}_n$. 于是, 由条件 (3.9), 有

$$Q(f) = \int_a^b \omega(x)(L_nf)(x)\mathrm{d}x = Q_n(f).$$

这就完成了定理的证明. □

关于 Gauss 型积分公式误差, 利用 Hermite 插值函数性质, 我们可得到

定理 3.2.3 设 $f \in C^{2n+2}[a,b]$. 若 $Q_n(f)$ 为 $Q(f)$ 的 n 阶 Gauss 型积分公式, 则存在 $\xi \in [a,b]$ 使得

$$Q(f) - Q_n(f) = \frac{f^{(2n+2)}(\xi)}{(2n+2)!} \int_a^b \omega(x)\omega_{n+1}^2(x)\mathrm{d}x.$$

证明 设 $H_n f$ 是关于 $x_0, x_1, x_2, \cdots, x_n \in [a,b]$ 上 f 的 Hermite 插值函数, 我们有 $H_n f \in \mathbb{P}_{2n+1}$ 且 $(H_n f)(x_j) = f(x_j)(j = 0, 1, 2, \cdots, n)$, 故由定理 2.2.8 有

$$f(x) - (H_n f)(x) = \frac{f^{(2n+2)}(\xi(x))}{(2n+2)!} \omega_{n+1}^2(x), \quad x \in [a,b],$$

其中 $\xi(x) \in [a,b]$. 于是

$$Q(f) - Q(H_n f) = \int_a^b \omega(x) \frac{f^{(2n+2)}(\xi(x))}{(2n+2)!} \omega_{n+1}^2(x)\mathrm{d}x.$$

注意到 $\omega_{n+1}^2 \geqslant 0$, 我们有

$$\min_{x \in [a,b]} f^{(2n+2)}(x) \int_a^b \omega(x)\omega_{n+1}^2(x)\mathrm{d}x$$

$$\leqslant \int_a^b \omega(x)f^{(2n+2)}(\xi(x))\omega_{n+1}^2(x)\mathrm{d}x$$

$$\leqslant \max_{x \in [a,b]} f^{(2n+2)}(x) \int_a^b \omega(x)\omega_{n+1}^2(x)\mathrm{d}x,$$

故由 $f^{(2n+2)}(x)$ 的连续性及 (2.15) 式有 $Q(H_n f) = Q_n(f)$, 我们即完成定理的证明. $\square$

定理 3.2.1 表明: $\{x_j : j = 0, 1, 2, \cdots, n\}$ 成为数值积分 $\int_a^b \omega(x)f(x)\mathrm{d}x$ 的 Gauss 点的充分必要条件是: ω_{n+1} 关于积分权 ω 与所有的不超过 n 次的多项式正交. 这也就是说 Gauss 点是正交多项式的零点.

典型的 Gauss 型积分公式有 Gauss-Chebyshev 积分公式:

$$\int_{-1}^{1} \frac{f(x)}{\sqrt{1-x^2}}\mathrm{d}x - \frac{\pi}{n}\sum_{j=0}^{n-1} f\left(\cos\frac{(2j+1)\pi}{2n}\right) = \frac{\pi f^{(2n)}(\xi)}{2^{2n-1}(2n)!}, \quad \xi\in[-1,1],$$

其中 $x_j = \cos\dfrac{(2j+1)\pi}{2n}(j=0,1,2,\cdots,n-1)$ 为 Chebyshev 多项式 $\phi_n(x) = \cos(n\mathrm{argcos}\,x)$ 的零点. Legendre 多项式 $\phi_n(x) = \dfrac{1}{2^n n!}\dfrac{\mathrm{d}^n}{\mathrm{d}x^n}(x^2-1)^n$ 的零点没有显式的表达式. 这样, Gauss-Legendre 积分公式通常难以给出简洁的表达式. 这里给出三种积分公式:

中矩形公式或中点公式
$$\int_{-1}^{1} f(x)\mathrm{d}x \approx 2f(0),$$

两点 Gauss-Legendre 积分公式
$$\int_{-1}^{1} f(x)\mathrm{d}x \approx f\left(-\frac{1}{\sqrt{3}}\right) + f\left(\frac{1}{\sqrt{3}}\right),$$

三点 Gauss-Legendre 积分公式
$$\int_{-1}^{1} f(x)\mathrm{d}x \approx \frac{5}{9}f\left(\frac{-\sqrt{15}}{5}\right) + \frac{8}{9}f(0) + \frac{5}{9}f\left(\frac{\sqrt{15}}{5}\right).$$

3.3 Euler-Maclaurin 积分公式

Euler-Maclaurin (欧拉–麦克劳林) 积分公式是一类重要的数值求积公式. 为推导此数值求积公式, 我们引进 n 次 Bernoulli (伯努利) 多项式 B_n.

定义 3.3.1 n 次 Bernoulli 多项式 B_n 定义在 $[0,1]$ 上, 满足
$$B_0(x) = 1,$$
$$B_n'(x) = B_{n-1}(x), \quad \int_0^1 B_n(x)\mathrm{d}x = 0, \quad n \geqslant 1.$$

称 $b_n = n!B_n(0)(n = 0, 1, 2, \cdots)$ 为 **Bernoulli 数**.

显然 $\int_0^1 B_n(x)\mathrm{d}x = 0$ 等价于 $B_n(0) = B_n(1) = 0, n = 2, 3, \cdots$. 前 3 个 Bernoulli 多项式为

$$B_0(x) = 1, B_1(x) = x - \frac{1}{2}, B_2(x) = \frac{1}{2}x^2 - \frac{1}{2}x + \frac{1}{12}.$$

进一步地, 我们有

命题 3.3.1 Bernoulli 多项式有如下的对称性:

$$B_n(x) = (-1)^n B_n(1 - x), \quad x \in [0, 1], n = 0, 1, 2, \cdots, \tag{3.10}$$

从而

$$B_{2n+1}(0) = B_{2n+1}(1) = B_{2n+1}(1/2) = 0, \quad n = 1, 2, \cdots. \tag{3.11}$$

证明 显然, 当 $n = 0, 1, 2$ 时, (3.10) 式成立.

假设 (3.10) 式对 $n \geqslant 2$ 成立. 我们对 (3.10) 式从 0 到 x 进行积分, 有

$$B_{n+1}(x) = (-1)^{n+1} B_{n+1}(1 - x) + B_{n+1}(0) + (-1)^n B_{n+1}(1). \tag{3.12}$$

对上式再从 0 到 1 积分, 并利用

$$\int_0^1 B_{n+1}(x)\mathrm{d}x = \int_0^1 B_{n+1}(1 - x)\mathrm{d}x = 0$$

即知

$$B_{n+1}(0) + (-1)^n B_{n+1}(1) = 0.$$

这样由 (3.12) 式得到: (3.10) 式在当 $n + 1$ 代替 n 时也成立. 由 (3.10) 式即得 (3.11) 式. □

如果记 $\tilde{B}_n(x) : \mathbb{R} \longrightarrow \mathbb{R}$ 为 $B_n(x)$ 的周期为 1 的延拓, 那么 $\tilde{B}_n(x)$ 有如下的 Fourier 展开:

$$\tilde{B}_{2m}(x) = 2(-1)^{m-1} \sum_{j=1}^{\infty} \frac{\cos 2\pi jx}{(2\pi j)^{2m}}, \quad m = 1, 2, \cdots, \tag{3.13}$$

$$\tilde{B}_{2m-1}(x) = 2(-1)^{m} \sum_{j=1}^{\infty} \frac{\sin 2\pi jx}{(2\pi j)^{2m-1}}, \quad m = 1, 2, \cdots. \tag{3.14}$$

设 $\mathcal{T}_h = \{(a + (j-1)h, a + jh) : j = 1, 2, \cdots, n\}$ 为 $[a,b]$ 上步长为 $h = \dfrac{b-a}{n}$ 的一致剖分. 对 $f \in C[a,b]$, 记

$$Q_h(f) = h\left(\frac{1}{2}f(a) + \sum_{j=1}^{n-1} f(x_j) + \frac{1}{2}f(b)\right)$$

为 f 在 $[a,b]$ 上的复化梯形公式.

定理 3.3.1 (Euler-Maclaurin 积分公式) 设 $f \in C^m[a,b]$ ($m \geqslant 2$), 则有如下的 Euler-Maclaurin 积分公式:

$$\int_a^b f(x)\mathrm{d}x = Q_h(f) - \sum_{j=1}^{\left[\frac{m}{2}\right]} \frac{b_{2j}h^{2j}}{(2j)!}\left(f^{(2j-1)}(b) - f^{(2j-1)}(a)\right) +$$
$$(-1)^m h^m \int_a^b \tilde{B}_m\left(\frac{x-a}{h}\right) f^{(m)}(x)\mathrm{d}x,$$

其中 $\left[\dfrac{m}{2}\right]$ 为不超过 $\dfrac{m}{2}$ 的最大整数.

证明 设 $g \in C^m[0,1]$. 利用 $B_j(0) = B_j(1)(j = 2, 3, \cdots)$, 并通过 $m-1$ 次分部积分, 我们得到

$$\int_0^1 B_1(y)g'(y)\mathrm{d}y = \sum_{j=2}^{m}(-1)^j B_j(0)\left(g^{(j-1)}(1) - g^{(j-1)}(0)\right) +$$
$$(-1)^m \int_0^1 B_m(y)g^{(m)}(y)\mathrm{d}y.$$

注意到 (3.11) 式以及

$$\int_0^1 B_1(y)g'(y)\mathrm{d}y = \frac{g(1) + g(0)}{2} - \int_0^1 g(y)\mathrm{d}y,$$

我们有

$$\int_0^1 g(y)\mathrm{d}y = \frac{g(1)+g(0)}{2} - \sum_{j=1}^{[\frac{m}{2}]} \frac{b_{2j}}{(2j)!}\left(g^{(2j-1)}(1)-g^{(2j-1)}(0)\right)-$$

$$(-1)^m \int_0^1 B_m(y)g^{(m)}(y)\mathrm{d}y.$$

这样, 利用变量替换可得

$$\int_{x_l}^{x_{l+1}} f(x)\mathrm{d}x = \frac{h(f(x_{l+1})+f(x_l))}{2} -$$

$$\sum_{j=1}^{[\frac{m}{2}]} \frac{b_{2j}h^{2j}}{(2j)!}\left(f^{(2j-1)}(x_{l+1})-f^{(2j-1)}(x_l)\right)-$$

$$(-1)^m h^m \int_{x_l}^{x_{l+1}} B_m\left(\frac{x-a}{h}\right)f^{(m)}(x)\mathrm{d}x,$$

$$l=0,1,2,\cdots,n-1.$$

将上式从 $l=0$ 到 $l=n-1$ 求和即得 Euler-Maclaurin 积分公式. □

对于周期为 2π 的被积函数 $f:\mathbb{R}\to\mathbb{R}$, 其积分的梯型公式与矩形公式吻合,

$$Q_n(f) = \frac{2\pi}{n}\sum_{j=1}^{n} f\left(\frac{2\pi j}{n}\right).$$

注意到, 由 (3.14) 式得到

$$|\tilde{B}_{2m+1}(x)| \leqslant 2\sum_{j=1}^{\infty} \frac{1}{(2\pi j)^{2m+1}}, \quad x\in\mathbb{R},$$

于是, 我们有

推论 3.3.1 设 $f\in C^{2m+1}(\mathbb{R})$ 且周期为 2π, 则

$$\left|\int_0^{2\pi} f(x)\mathrm{d}x - \frac{2\pi}{n}\sum_{j=1}^{n} f\left(\frac{2\pi j}{n}\right)\right| \leqslant \frac{C}{n^{2m+1}}\int_0^{2\pi} |f^{(2m+1)}(x)|\mathrm{d}x,$$

其中 $C = 2 \sum_{j=1}^{\infty} \dfrac{1}{j^{2m+1}}$.

本节最后, 我们介绍 Romberg (龙贝格) 积分法 —— 数值积分的外推算法. 设 $Q_h(f)$ 是步长为 h 的复化梯形公式, 由 Euler-Maclaurin 积分公式有

$$Q(f) = Q_h(f) + C_1 h^2 + \mathcal{O}(h^4),$$

其中 C_1 是与 h 无关的常数. 于是

$$\frac{4Q_{h/2}(f) - Q_h(f)}{3} = Q(f) + \mathcal{O}(h^4).$$

这意味着, 简单的后处理能够有效地提高数值积分逼近精度.

显然, 我们有

$$\frac{4Q_{h/2}(f) - Q_h(f)}{3} = \text{复化 Simpson 公式}.$$

3.4　多维数值积分

多维数值积分是一个重要的课题, 而且多维数值积分极具挑战性. 最简单也是最直接的多维数值积分是插值型数值积分, 参见本章 3.1 节以及第二章 2.5 节. 但是对高维数值积分来说, 这些插值型数值积分往往都导致 "维数灾难". 然而, 随机或拟随机地取积分节点会起到意想不到的数值积分效果 [13]. 另外, 在实际应用中, 通常需要针对具体的高维问题设计与运用相应的积分方法, 而 Monte Carlo 方法往往是最普适的选择.

机器学习的进步与发展, 使人们也许可以利用机器学习这一新的途径与方法来进行高维数值积分的计算. 这些内容我们在这里不做深入地介绍与讨论.

问　　题

1. 试证明定理 3.1.5.

2. 试直接证明推论 3.1.2.

3. 试证明命题 3.2.1.

4. 对满足 (3.9) 式的剖分 $a \leqslant x_0 < x_1 < x_2 < \cdots < x_n \leqslant b$, 是否存在相应的 Gauss 型积分公式而不是插值型积分公式?

5. 试探索利用机器学习来逼近多维数值积分.

第四章 常微分方程数值解

前一章我们讨论的是数值积分. 这一章我们转到一类求根问题的数值计算. 我们考虑如下的非定常问题 —— 常微分方程

$$\begin{cases} y' \equiv \dfrac{\mathrm{d}y}{\mathrm{d}x} = f(x, y), \quad x \in (a, b), \\ y(a) = y_0 \end{cases} \tag{4.1}$$

数值解的若干离散方法的构造与分析.

4.1 典型数值方法

给定区间 $[a, b]$ 一有限元剖分:

$$\mathcal{T}_h : a = x_0 < x_1 < x_2 < \cdots < x_j < \cdots < x_N = b.$$

记 $h = \max\limits_{1 \leqslant n \leqslant N} \{h_n\}$, $h_n = x_n - x_{n-1}(n = 1, 2, \cdots, N)$. 不妨设 $\mathcal{T}_h$ 是一致剖分. 如果考虑直接数值求解问题 (4.1), 那么可以以差商代替微分

$$y' \approx \frac{y(x_{n+1}) - y(x_n)}{h_n}$$

进行离散然后迭代求解. 利用分部积分我们知道, 问题 (4.1) 等价于一积分方程. 若从积分方程着手, 则我们自然可利用数值积分来离散该积分

方程而得到问题 (4.1) 的近似解[①]. 于是, 我们就有从如下的两个角度考虑的方法:

(1) Taylor 展开

$$\begin{cases} \text{展开两项便得到 Euler 方法,} \\ \text{展开到高阶项便得到 Runge-Kutta (龙格–库塔) 方法;} \end{cases}$$

(2) 数值积分

$$\begin{cases} \text{用左矩形公式便得到向前 Euler 方法,} \\ \text{用梯形公式便得到梯形方法,} \\ \text{用插值多项式 (如 Newton 插值) 数值积分便导出} \\ \quad \text{Adams (亚当斯) 方法.} \end{cases}$$

进一步, 我们有

(1) 涉及多个节点的方法就产生了线性多步法;

(2) 常微分方程数值方法均归结为迭代法

$$y_{n+1} = T_n y_n, \quad n = 1, 2, \cdots, N. \tag{4.2}$$

事实上, (4.2) 式也是求根的数值迭代方法的一般形式.

4.1.1 Taylor 展开方法

在 x_n 处如下展开 $y(x_{n+1})$:

$$y(x_{n+1}) = y(x_n) + h y'(x_n) + \frac{h^2}{2} y''(\xi_n), \quad \xi_n \in (x_n, x_{n+1}).$$

略去高阶项并注意 $y'(x_n) = f(x_n, y(x_n))$, 我们得到问题 (4.1) 的向前 Euler 方法:

$$y(x_{n+1}) = y(x_n) + h f(x_n, y(x_n)), \quad n = 0, 1, 2, \cdots, N-1$$

[①] 事实上, 微积分中最基本的内容或最重要的技术, 就包括分部积分与 Taylor 展开. 这样, 我们从这两项技术着手研究问题 (4.1) 的数值求解也就很自然了.

或

$$
\begin{cases}
y_{n+1} = y_n + hf(x_n, y_n), \quad n = 0, 1, 2, \cdots, N-1, h = \dfrac{b-a}{N}, \\
y_0 = y_0.
\end{cases}
$$

在 x_{n+1} 处我们还可如下展开 $y(x_n)$:

$$
y(x_n) = y(x_{n+1}) - hy'(x_{n+1}) + \frac{h^2}{2}y''(\xi_n), \quad \xi_n \in (x_n, x_{n+1}).
$$

略去高阶项并利用 $y'(x_{n+1}) = f(x_{n+1}, y(x_{n+1}))$, 我们得到问题 (4.1) 的向后 Euler 方法:

$$
y(x_{n+1}) = y(x_n) + hf(x_{n+1}, y(x_{n+1})), n = 0, 1, 2, \cdots, N-1
$$

或

$$
\begin{cases}
y_{n+1} = y_n + hf(x_{n+1}, y_{n+1}), \quad n = 0, 1, 2, \cdots, N-1, h = \dfrac{b-a}{N}, \\
y_0 = y_0.
\end{cases}
$$

向后 Euler 方法是隐式格式, 它的稳定性比向前 Euler 方法好. 这两种 Euler 方法的整体截断误差与 h 同阶.

若展开更多项, 如

$$
y(x_{n+1}) = y(x_n) + hy'(x_n) + \frac{h^2}{2!}y''(x_n) + \cdots + \frac{h^r}{r!}y^{(r)}(\xi_n),
$$

便要涉及 y 的高阶导数计算, 这意味着对 f 的光滑性、导数逼近的数值稳定性等有所要求. Runge 用 f 的函数值来组合表示 f 的导数并由此发展了所谓的 Runge-Kutta 方法[①]. 形象地说, Runge-Kutta 方法就是数值积分与 Taylor 展开相结合的方法.

下面介绍 Runge-Kutta 方法一般形式 (即 s 级 Runge-Kutta 方法):

———————————

① Runge 于 1895 年将之用于求解单个方程, 而 Kutta 于 1901 年将之推广到方程组, 详见:
BUTCHER J C. A history of Runge-Kutta methods. Applied Numer. Math., 1996, 20: 247-260.

$$\begin{cases} y_{n+1} = y_n + h \sum_{i=1}^{s} b_i K_i, \\ K_i = f\left(x_n + c_i h, y_n + h \sum_{j=1}^{i-1} \alpha_{ij} K_j\right), \quad i-1,2,\cdots,s, \end{cases}$$

其中 b_i, c_i, α_{ij} 为常数, $c_1 = 0, \alpha_{1j} = 0, i = 1,2,\cdots,s, j = 1,2,\cdots,s-1$.
基本原则是上述 y_{n+1} 表达式在 (x_n, y_n) 处关于 h 的 Taylor 展开和
$y(x_n + h)$ 在 x_n 处关于 h 的 Taylor 展开有相同的项.

当 $s = 2$ 时,

$$\begin{cases} b_1 = 1 - \dfrac{1}{2c_2}, \\ b_2 = \dfrac{1}{2c_2}, \\ \alpha_{21} = c_2. \end{cases}$$

相应的精度为

$$y(x_{n+1}) - y_{n+1} = \mathcal{O}(h^3),$$

其中 c_2 为调节常数, 不同的 c_2 对应不同的方法.

(1) 中点方法 $\left(c_2 = \dfrac{1}{2}\right)$

$$y_{n+1} = y_n + hf\left(x_n + \frac{h}{2}, y_n + \frac{h}{2}f(x_n, y_n)\right);$$

(2) Heun (霍伊恩) 方法 $\left(c_2 = \dfrac{2}{3}\right)$

$$y_{n+1} = y_n + \frac{h}{4}\left(f(x_n, y_n) + 3f\left(x_n + \frac{2}{3}h, y_n + \frac{2}{3}hf(x_n, y_n)\right)\right);$$

(3) 改进的向前 Euler 方法 $(c_2 = 1)$

$$y_{n+1} = y_n + \frac{h}{2}\left(f(x_n, y_n) + f(x_n + h, y_n + hf(x_n, y_n))\right).$$

4.1.2   数值积分方法

在 $[x_n, x_{n+1}]$ 上对 $y'(x) = f(x, y(x))$ 积分便得到

$$y(x_{n+1}) = y(x_n) + \int_{x_n}^{x_{n+1}} f(x, y(x)) \mathrm{d}x. \tag{4.3}$$

利用左矩形公式

$$\int_t^{t+h} g(x)\mathrm{d}x \approx hg(t),$$

我们得到问题 (4.1) 的向前 Euler 格式:

$$y(x_{n+1}) = y(x_n) + hf(x_n, y(x_n))$$

或

$$y_{n+1} = y_n + hf(x_n, y_n).$$

利用梯形公式

$$\int_t^{t+h} g(x)\mathrm{d}x \approx \frac{h}{2}(g(t) + g(t+h)),$$

我们得到问题 (4.1) 的梯形格式:

$$y(x_{n+1}) = y(x_n) + \frac{h}{2}\left(f(x_n, y(x_n)) + f(x_{n+1}, y(x_{n+1}))\right)$$

或

$$y_{n+1} = y_n + \frac{1}{2}h\left(f(x_n, y_n) + f(x_{n+1}, y_{n+1})\right).$$

上述格式是二阶 (即 $\mathcal{O}(h^2)$) 隐式格式, 其特点是: 不只用到一个 x_n, 还用到了 x_{n+1}, 即二步法.

4.2   线性多步法

只用到上一步的 x_n, y_n 来逼近 y_{n+1} 的方法称为**单步法**. 4.1 节讨论

的除梯形格式外其他都是单步法. 在数值计算中, 多步法的稳定性好. 多步法是指由 $y_n, y_{n-1}, \cdots, y_{n-p}$ 及 $y'_{n+1}, y'_n, \cdots, y'_{n-p}$ 产生 y_{n+1} 的方法:

$$y_{n+1} = \sum_{j=0}^{p} a_j y_{n-j} + h \sum_{j=-1}^{p} b_j y'_{n-j}, \quad n = p, p+1, \cdots, \qquad (4.4)$$

其中 $y'_j = f(x_j, y_j)$ 是 $y'(x_j) = f(x_j, y(x_j))$ 的近似, 而 a_j, b_j 待定, 但满足 $|a_p| + |b_p| \neq 0$. 当 $b_{-1} \neq 0$ 时, 由于含有未知项

$$y'_{n+1} = f(x_{n+1}, y_{n+1}),$$

故称之为隐式格式. 该隐式格式直接使用有困难, 但其数值计算的稳定性较好.

这一节, 我们将对线性多步法有关理论做扼要的介绍. 首先给出收敛阶定义.

定义 4.2.1 如果当 $y \in \mathbb{P}_r$ 时,

$$y(x_{n+1}) = \sum_{j=0}^{p} a_j y(x_{n-j}) + h \sum_{j=-1}^{p} b_j y'(x_{n-j}), \quad n = p, p+1, \cdots \qquad (4.5)$$

准确成立且存在 $y \in \mathbb{P}_{r+1}$ 使上式不成立 (即 r 是使上式成立的最大整数), 那么称**线性多步法** (4.4) **是** r **阶**.

然后, 我们介绍截断误差.

定义 4.2.2 称

$$E_n = y(x_{n+1}) - \sum_{j=0}^{p} a_j y(x_{n-j}) - h \sum_{j=-1}^{p} b_j y'(x_{n-j}), \qquad (4.6)$$
$$n = p, p+1, \cdots$$

为线性多步法 (4.4) 从 x_n 到 x_{n+1} 的**局部截断误差**.

假设问题 (4.1) 的解 y 光滑. 若将 $y(x_{n-j}), y'(x_{n-j})(j = -1, 0, 1, 2, \cdots, p)$ 在 x_n 处 Taylor 展开, 则合并整理后我们得到

$$E_n = \alpha_0 y(x_n) + \alpha_1 h y'(x_n) + \cdots + \alpha_q h^q y^{(q)}(x_n) + \cdots,$$

其中

$$\begin{cases} \alpha_0 = 1 - \sum_{j=0}^{p} a_j, \\ \alpha_1 = 1 - \left(\sum_{j=0}^{p} (-j)a_j + \sum_{j=-1}^{p} b_j \right), \\ \cdots\cdots\cdots \\ \alpha_q = \dfrac{1}{q!}\left(1 - \left(\sum_{j=0}^{p} (-j)^q a_j + q\sum_{j=-1}^{p} (-j)^{q-1} b_j \right) \right), \quad q=2,3,\cdots,r. \end{cases} \tag{4.7}$$

于是, 我们有

定理 4.2.1 线性多步法 (4.4) 为 r 阶的充分必要条件是

$$\alpha_0 = \alpha_1 = \alpha_2 = \cdots = \alpha_r = 0, \quad \alpha_{r+1} \neq 0.$$

如下是几种典型的线性多步方法.

(1) Simpson 方法

$$y_{n+1} = y_{n-1} + \frac{h}{3}(y'_{n+1} + 4y'_n + y'_{n-1}).$$

上式对 4 次多项式准确成立且是 4 阶的;

(2) Milne (米尔恩) 方法

$$y_{n+1} = y_{n-3} + \frac{4}{3}h(2y'_n - y'_{n-1} + 2y'_{n-2}),$$

是 4 阶的显式格式;

(3) Hamming (汉明) 方法

$$y_{n+1} = \frac{1}{8}(9y_n - y_{n-2}) + \frac{3}{8}h(y'_{n+1} + 2y'_n - y'_{n-1}),$$

是 4 阶的隐式格式.

我们再讨论问题 (4.1) 的线性多步法 (4.4) 的收敛性与稳定性, 而数值方法的收敛性与稳定性涉及相容性.

定义 4.2.3 称满足 $\alpha_0 = \alpha_1 = 0$ 即

$$\begin{cases} \sum_{j=0}^{p} a_j = 1, \\ \sum_{j=0}^{p} (-j)a_j + \sum_{j=-1}^{p} b_j = 1 \end{cases}$$

的线性多步法 (4.4) 是**相容的**.

显然, 相容的线性多步法是 1 阶的.

当 $\alpha_0 = \alpha_1 = \cdots = \alpha_r = 0$,

$$\begin{cases} \sum_{j=0}^{p} a_j = 1, \\ \sum_{j=0}^{p} (-j)a_j + \sum_{j=-1}^{p} b_j = 1, \\ \cdots\cdots\cdots\cdots \\ \sum_{j=0}^{p} (-j)^q a_j + q \sum_{j=-1}^{p} (-j)^{q-1} b_j = 1, \ q = 2, 3, \cdots, r \end{cases} \tag{4.8}$$

是关于 $2p+3$ 个未知数 $a_j(j = 0, 1, 2, \cdots, p)$ 和 $b_j(j = -1, 0, 1, 2, \cdots, p)$ 的 $r+1$ 个方程的线性方程组. 可以证明: 当 $r = 2p+2$ 时, 方程组 (4.8) 的解存在唯一, 即 $p+1$ 步法 (4.4) 的阶最高可达 $2p+2$.

定义 4.2.4 若对任何 $x \in [a, b]$, 满足 (4.4) 式的解都有

$$\lim_{\substack{h \to 0 \\ n \to \infty}} y_n = y(x), \quad nh = x - a,$$

则称**线性多步法 (4.4) 是收敛的**.

我们利用如下多项式的根的性质来刻画线性多步法 (4.4) 的收敛性.

$$\rho(t) = t^{p+1} - \sum_{j=0}^{p} a_j t^{p-j}.$$

定义 4.2.5　若 $\rho(t)$ 的所有根的模均不大于 1 且模为 1 的根是单根, 则称 $\rho(t)$ 以及相应的线性多步法 (4.4) **满足根条件**.

最后, 我们不加证明地给出如下结论[14]:

定理 4.2.2　线性多步法 (4.4) 收敛的充分必要条件是该方法是相容的且满足根条件.

注意到, 对单步法有 $\rho(t) = t - 1$. 这表明 $\rho(t) = 0$ 有唯一的根 $t = 1$. 故 $\rho(t)$ 满足根条件. 因此, 单步法的收敛性与相容性等价.

对于线性多步法 (4.4) 来说, 满足根条件就称该方法是稳定的. 更多的讨论参见 [14] 和 [16].

最新的深度学习的数学理解和线性多步法研究进展表明: 不少数据驱动的模型与线性多步法也有着重要的联系①.

4.3　打靶法

首先指出, 前面两节的数值方法完全可以直接推广到常微分方程组. 这一节, 我们将利用常微分方程组数值方法解如下的二阶常微分方程

$$\begin{cases} y'' = f(x, y, y'), \\ y(a) = \alpha, y(b) = \beta. \end{cases} \tag{4.9}$$

不难知道, 二阶常微分方程 (4.9) 等价于如下方程

$$\begin{cases} y'' = f(x, y, y'), \\ y(a) = \alpha, \\ y'(a) = z. \end{cases} \tag{4.10}$$

事实上, 方程 (4.10) 的解依赖于 x 与 z, 故可将之写成 $y(x, z)$. 于是, 当

①KELLER R T, DU Q. Discovery of dynamics using linear multistep methods. SIAM J. Numer. Anal., 2021, 59: 429-455.

$y(b, z) = \beta$ 时, 方程 (4.9) 与 (4.10) 等价.

若将边值问题 (4.9) 或 (4.10) 化为初值问题

$$\begin{cases} y' = y_1, \\ y_1' = f(x, y, y_1), \\ y(a) = \alpha, \\ y_1(a) = z, \end{cases} \tag{4.11}$$

那么, 当 z 已知时, 我们可利用前面两节方程组推广形式的数值方法来求解问题 (4.11). 因此, 求解问题 (4.9) 的关键是求解 $y(b, z) = \beta$. 一般地, 方程 $y(b, z) = \beta$ 是非线性的, 需要通过线性化求解. 于是, 我们首先会有如下的算法.

算法 4.3.1 给定 ε 和 z_0, 计算 $y(x, z_0)$, 从而有 $z_1 = y'(a)$. 一般地, 令

$$z_{k+1} = z_k - \frac{y(b, z_k) - \beta}{y(b, z_k) - y(b, z_{k-1})}(z_k - z_{k-1}), \quad k = 1, 2, \cdots,$$

且计算到

$$|y(b, z_k) - \beta| \leqslant \varepsilon$$

为止.

上述过程好比打靶, z_k 为子弹发射斜率, $y(b) = \beta$ 为靶心. 当 $|y(b, z_k) - \beta| \leqslant \varepsilon$ 时 (ε 为给定的容许误差), 则得到所需要的近似解. 故称为**打靶法**.

注记 4.3.1 $y(b, z_k) = \beta$ 是非线性方程, 我们既可用线性插值法求解, 亦可用其他迭代法或 Newton 法求解.

这样, 一旦得到合适的 z_k, 我们就可以用常微分方程的数值方法来求解以 z_k 代替 z 的方程 (4.11) 而得到方程 (4.9) 的近似解.

以上本章讨论的是区间 $[a, b]$ 上的常微分方程. 事实上, 其基本思想和方法均可推广到 Banach 空间或 Hilbert 空间上的发展方程或动力系统. 无论是连续动力系统的离散格式, 还是迭代法, 都具有 (4.2) 式的形式. 值得指出的是, 对一般函数空间的扩展为我们在宏观上理解、审视和发展数值迭代求解方法提供了很好的视角与平台[①].

问　　题

1. 如果对 (4.3) 式运用 Simpson 公式, 那么我们能得到关于问题 (4.1) 的什么样的数值格式?

2. 能建立或推导出 Runge-Kutta 方法更为直观或直接的表达式吗?

3. 试证明: 当 $r = 2p + 2$ 时, 方程组 (4.8) 的解存在唯一, 即 $p + 1$ 步法 (4.4) 的阶最高可达 $2p + 2$.

4. 试思考包括基于深度学习在内的迭代法与相关的连续动力系统离散或近似之间的关联.

---

① 可参见

CHU M T. Linear algebra algorithms as dynamical systems. Acta Numer., 2008, 17: 1-86.

DAI X, WANG Q, ZHOU A. Gradient flow based discretized Kohn-Sham density functional theory. Multiscale Model. Simul., 2020, 18: 1621-1663.

第五章　线性系统的迭代法

不少连续模型问题经过有限维逼近得到的离散问题是线性或非线性方程组或相应的极值问题. 这些离散问题求解的基本问题之一就是要求线性方程组的数值解.

理论上, 当 n 阶矩阵 $A = (a_{ij})$ 的行列式不为零时, 线性方程组

$$Ax = b$$

的唯一解 $x = A^{-1}b$ 可以利用 Cramer (克拉默) 法则求得:

$$x_j = \frac{\det A_j}{\det A}, \quad j = 1, 2, \cdots, n,$$

其中 x_j 为 x 的第 j 个分量, $b \in \mathbb{C}^n$(或 $\mathbb{R}^n$), A_j 为将 A 的第 j 列换成 b 所得到的矩阵. 即 n 阶线性方程组的解可通过 $n+1$ 个 n 阶行列式的计算得到. 注意到, 行列式的计算又可利用 Laplace (拉普拉斯) 展开定理逐次进行:

$$\det A = a_{11}A_{11} + a_{12}A_{12} + \cdots + a_{1n}A_{1n},$$

其中 A_{ij} 为 a_{ij} 的代数余子式. 若记 N_j 为计算 j 阶行列式所需要的乘法运算次数, 则

$$N_j = jN_{j-1}, \quad j = 2, 3, \cdots, n.$$

于是, $N_n = n!$. 这样, 利用 Cramer 法则和 Laplace 展开定理来求解一
n 阶线性方程组所需要的乘法运算次数为 $(n+1)!$. 这一方法当阶 n 很
大时, 由于其运算量大而难以用于实际计算. 这类没有舍入误差并经过
有限次运算得到精确解的方法称之为**直接法**. 常用的直接法还有 Gauss
消去/元法① 与 Cholesky (楚列斯基) 分解法或其变形. 这些方法都是通
过有限次迭代而得到精确解, 每次迭代只作有限次运算. 由于直接法计
算量大, 故直接法只是中小规模问题求解常用的方法.

实际计算中, 大规模线性方程组的解通常需要不断地进行线性算子
迭代来逼近. 这种经过反复迭代不断逼近问题精确解的计算方法通常称
之为**迭代法**②. 我们指出, 迭代计算解又形成了一离散动力系统.

上一章常微分方程数值解是通过基于在有限个离散点上的近似后
迭代计算获得, 即对连续动力系统的时间离散化后再对系统或离散动力
系统进行迭代得到. 在这一章中, 我们将讨论线性算子迭代行为与性质,
包括讨论如何又快又好地迭代得到线性方程组的近似解以及相应的迭
代方法与理论. 其中, 矩阵是典型的线性算子③, 它的迭代的渐近行为取
决于它的谱分布及其值域.

5.1 矩阵基本知识

我们知道, $\mathbb{C}^{n\times n}$ 等距同构于 $\mathbb{C}^n \times \mathbb{C}^n$. 因此, 可记 $\mathbb{C}^{n\times n} = \mathbb{C}^n \times \mathbb{C}^n$.
另外, $\mathbb{C}^{n\times n}$ 又可看成 $\mathbb{C}^n$ 到 $\mathbb{C}^n$ 中所有线性算子的全体. 类似地, $\mathbb{R}^{n\times n}$
是 $\mathbb{R}^n$ 到 $\mathbb{R}^n$ 中所有线性算子的全体.

对于一个矩阵来说, 其最重要的量或标示便是其特征值.

---

① Gauss 消去法最早出现在《九章算术》第 8 卷.

② 严格地说, 很多直接法也是迭代法.

③ 矩阵的思想在《九章算术》就有体现: 其第 8 章的第一题就利用算筹排成的矩形数阵来表
示一个线性方程组. 一般认为是英国数学家 A. Cayley (凯莱) 于 1895 年首先把矩阵作为一个独立
的数学概念提出来.

定义 5.1.1 设 $A \in \mathbb{C}^{n \times n}$. 若存在 $\lambda \in \mathbb{C}, x \in \mathbb{C}^n, x \neq 0$ 满足 $Ax = \lambda x$, 则称 λ 为 A 的一个**特征值**, x 为 A 的相应于 λ 的一个 (右) **特征向量**, 又称

$$P_A(\lambda) = \det(\lambda I - A)$$

为 A 的**特征多项式**, 其中 I 为单位矩阵. 记 A 的全体特征值集为 $\sigma(A)$, 称之为**谱集**, 而称

$$V_\lambda = \{x \in \mathbb{C}^n : Ax = \lambda x\}$$

为对应特征值 λ 的**特征子空间**.

易知, $\lambda \in \sigma(A)$ 当且仅当 $P_A(\lambda) = 0$, 而 $\sigma(A^{\mathrm{T}}) = \sigma(A)$, 其中 A^{T} 为 A 的转置. 故对任何 $\lambda \in \sigma(A)$, 存在 $y \in \mathbb{C}^n$ 使得 $y \neq 0$ 且 $A^{\mathrm{T}}y = \lambda y$ 或 $y^{\mathrm{T}}A = \lambda y^{\mathrm{T}}$. 此时称 y 为 A 的属于 λ 的左特征向量.

由行列式的性质知, $P_A(\lambda)$ 是首项为 λ^n 的 n 次多项式. 而代数基本定理表明: $P_A(\lambda)$ 有且只有 n 个根. 于是, 我们可假定 $P_A(\lambda)$ 有如下的分解:

$$P_A(\lambda) = (\lambda - \lambda_1)^{n_1}(\lambda - \lambda_2)^{n_2} \cdots (\lambda - \lambda_p)^{n_p},$$

其中 $n_1 + n_2 + \cdots + n_p = n, \lambda_i \neq \lambda_j (i \neq j)$.

定义 5.1.2 称 n_i 为 λ_i 的**代数重数** (简称**重数**), 而称

$$m_i = \dim V_{\lambda_i}$$

为 λ_i 的**几何重数**. 如果 $n_i = 1$, 那么称 λ_i 是 A 的一个**单特征值**. 否则, 称 λ_i 是 A 的一个**重特征值**.

这里我们不加证明地介绍几个基本的结论. 显然

命题 5.1.1 对任何 $A \in \mathbb{C}^{n \times n}$ 均有

$$m_i = n - \mathrm{rank}(\lambda_i I - A), \text{ 且 } m_i \leqslant n_i,$$

其中 rank B 表示矩阵 B 的秩①.

如下结论的证明可在 [17] 中找到.

命题 5.1.2　当 $A \in \mathbb{R}^{n\times n}$ 对称时, 特征值 λ 的代数重数与几何重数相等, 即 $m_i = n_i$.

另外, 我们还有 (其证明见 [27])

命题 5.1.3　设 $A \in \mathbb{C}^{n\times n}, \lambda \in \sigma(A)$, 则 λ 为 A 的单特征值的充分必要条件是

(1) λ 的几何重数为 1, 即 $\text{rank}(\lambda I - A) = n - 1$;

(2) 属于 λ 的左、右特征向量 v 和 u 满足 $v^{\mathrm{T}} u \neq 0$.

特征值是矩阵的特征量, 而模最大、最小的特征值往往最为重要. 对不少问题, 模次最大、次最小的特征值也有重要的应用.

定义 5.1.3　设 $A \in \mathbb{C}^{n\times n}$. 称 $\rho(A) = \max\{|\lambda| : \lambda \in \sigma(A)\}$ 为 A 的**谱半径**.

我们还可以在赋予矩阵集合代数结构和拓扑结构中来刻画矩阵.

定义 5.1.4　称 $\mathbb{C}^{n\times n}$ 上满足

$$\|AB\| \leqslant \|A\|\|B\|, \quad \forall A, B \in \mathbb{C}^{n\times n}$$

的范数 $\|\cdot\|$ 为**矩阵范数**; 而当 $A \in \mathbb{C}^{n\times n}$ 时, 由

$$\|A\| = \max_{\|x\|=1, x\in\mathbb{C}^n} \|Ax\|$$

确定的范数 $\|\cdot\|$ 称为**算子范数**. 这里 $\|Ax\|$ 和 $\|x\|$ 中的范数 $\|\cdot\|$ 为 $\mathbb{C}^n$

---

①矩阵的秩也是一重要的基本概念. 秩低往往表明问题相对简单. 低秩逼近是当今计算数学与科学工程计算领域中非常活跃的研究方向.

的向量范数. 对 $p = 1, 2, \cdots, \infty$, 称

$$\|A\|_p = \max_{\|x\|_p = 1, x \in \mathbb{C}^n} \|Ax\|_p$$

为 A 的 p-**范数**.

定理 5.1.1 算子范数是矩阵范数. 当 $A \in \mathbb{C}^{n \times n}$ 时, 有

$$\|A\|_1 = \max_{1 \leqslant j \leqslant n} \sum_{i=1}^{n} |a_{ij}|,$$

$$\|A\|_\infty = \max_{1 \leqslant i \leqslant n} \sum_{j=1}^{n} |a_{ij}|,$$

$$\|A\|_2 = \sqrt{\rho(A^*A)},$$

并分别称为**列范数**、**行范数**和**谱范数**, 其中 $\rho(A^*A)$ 表示 A^*A 的模最大的特征值, 而 A^* 为 A 的共轭转置.

定义 5.1.5 当 $A \in \mathbb{C}^{n \times n}$ 可看成 $\mathbb{C}^{n \times n}$ 中的向量时, 称其向量 2-范数

$$\left(\sum_{i,j=1}^{n} |a_{ij}|^2 \right)^{1/2}$$

为 Frobenius 范数或 Euclid 范数, 并记为 $\|A\|_F$.

定理 5.1.2 设 $A \in \mathbb{C}^{n \times n}$.

(1) 对 $\mathbb{C}^{n \times n}$ 上的任意矩阵范数 $\|\cdot\|$, 都有 $\rho(A) \leqslant \|A\|$;

(2) 成立

$$\rho(A) = \inf\{\|A\| : \|\cdot\| \text{为} \mathbb{C}^{n \times n} \text{ 上的算子范数}\},$$

即对任意的 $\varepsilon > 0$, 存在 $\mathbb{C}^{n \times n}$ 上的算子范数 $\|\cdot\|$ 使得

$$\|A\| \leqslant \rho(A) + \varepsilon;$$

(3) 当且仅当 $\rho(A) < 1$ 时, $\lim\limits_{n \to \infty} A^n = 0$;

(4) 对 $\mathbb{C}^{n \times n}$ 上的任何矩阵范数 $\|\cdot\|$ 都有

$$\rho(A) = \lim_{n \to \infty} \|A^n\|^{1/n}.$$

证明　这里我们只给出 (1), (3) 和 (4) 的证明, (2) 的证明参见 [14, 27]. 首先证明 (1). 设 $(\lambda, x) \in \sigma(A) \times \mathbb{C}^n$ 满足 $x \neq 0, |\lambda| = \rho(A)$ 且

$$Ax = \lambda x.$$

由 $x \neq 0$ 知, 存在 $y \in \mathbb{C}^n$ 满足 $\|xy^{\mathrm{T}}\| \neq 0$. 于是

$$\rho(A)\|xy^{\mathrm{T}}\| = \|\lambda xy^{\mathrm{T}}\| = \|Axy^{\mathrm{T}}\| \leqslant \|A\|\|xy^{\mathrm{T}}\|.$$

这表明

$$\rho(A) \leqslant \|A\|.$$

其次证明 (3). 注意到 $\rho^n(A) \leqslant \rho(A^n)$ 与 (1) 的结论, 则对任何矩阵 范数 $\|\cdot\|$ 有

$$\rho^n(A) \leqslant \|A^n\|, n = 1, 2, \cdots. \tag{5.1}$$

若 $\lim\limits_{n \to \infty} A^n = 0$, 即

$$\lim_{n \to \infty} \|A^n\| = 0,$$

则由 (5.1) 式即得 $\rho(A) < 1$.

若 $\rho(A) < 1$, 则由 (2) 知, 存在算子范数 $\|\cdot\|$ 使得 $\|A\| < 1$. 于是, 对此范数 $\|\cdot\|$ 有

$$0 \leqslant \|A^n\| \leqslant \|A\|^n \to 0, \quad n \to \infty.$$

从而 $\lim\limits_{n \to \infty} A^n = 0$.

最后我们证明 (4). 对任意的 $\varepsilon > 0$, 若记

$$B_\varepsilon = \frac{A}{\rho(A) + \varepsilon},$$

则我们有 $\rho(B_\varepsilon) < 1$. 于是 $\lim\limits_{n \to \infty} B_\varepsilon^n = 0$. 这样, 存在 $m > 0$, 当 $n > m$ 时, 有

$$\|B_\varepsilon^n\| < 1,$$

或

$$\|A^n\| \leqslant (\rho(A) + \varepsilon)^n. \tag{5.2}$$

结合 (5.1) 式和 (5.2) 式, 我们得到: 对任意的 $\varepsilon > 0$, 存在 $m > 0$, 当 $n > m$ 时, 有

$$\rho(A) \leqslant \|A^n\|^{\frac{1}{n}} \leqslant \rho(A) + \varepsilon.$$

这就证明了

$$\lim_{n \to \infty} \|A^n\|^{1/n} = \rho(A). \qquad \square$$

我们不难得到

定理 5.1.3 设 $A \in \mathbb{C}^{n \times n}$.

(1) 当 $\sum\limits_{n=0}^{\infty} A^n$ 收敛时, 有 $\sum\limits_{n=0}^{\infty} A^n = (I - A)^{-1}$;

(2) 当 $\|A\| < 1$ 时, $I - A$ 可逆且有

$$\|(I - A)^{-1}\| \leqslant \frac{1}{1 - \|A\|},$$

其中 $\| \cdot \|$ 为满足 $\|I\| = 1$ 的矩阵范数.

不仅矩阵 A 的特征值模最大值 (即谱半径) 重要, 而且 A 的特征值模最小值也是刻画该矩阵性质重要的量. 特别是, 当矩阵 A 的特征值模最大值与特征值模最小值相差很大时, A 的性态呈多尺度性. 如下引进的条件数就刻画了矩阵有关的多尺度性.

定义 5.1.6　设 $A \in \mathbb{C}^{n \times n}$, 而 $\|\cdot\|$ 为 $\mathbb{C}^{n \times n}$ 的矩阵范数. 称 $\kappa(A) = \|A\|\|A^{-1}\|$ 为 A 的**条件数**, $\kappa_2(A) = \|A\|_2\|A^{-1}\|_2$ 为 A 的**谱条件数**.

对任何非奇异矩阵 $A \in \mathbb{C}^{n \times n}$ 及 $\mathbb{C}^{n \times n}$ 的任何范数 $\|\cdot\|$ 均有

$$\kappa(A) \geqslant \frac{|\lambda_{\max}|(A)}{|\lambda_{\min}|(A)},$$

其中 $|\lambda_{\max}|(A)$ 和 $|\lambda_{\min}|(A)$ 分别是 A 的特征值模最大和最小值.

当 A 对称正定时, 不难知道

$$\kappa_2(A) = \frac{\lambda_{\max}(A)}{\lambda_{\min}(A)} = \rho(A)\rho(A^{-1}).$$

定理 5.1.4　若 $A \in \mathbb{C}^{n \times n}$ 非奇异, 则

$$\min\left\{\frac{\|\delta A\|_2}{\|A\|_2} : A + \delta A \text{ 奇异}\right\} = \frac{1}{\kappa_2(A)}.$$

证明　由于 $A + \delta A = A(I + A^{-1}\delta A)$, 故当 $\|A^{-1}\|_2\|\delta A\|_2 < 1$ 时, 由定理 5.1.3 知, $A + \delta A$ 非奇异. 于是

$$\min\left\{\frac{\|\delta A\|_2}{\|A\|_2} : A + \delta A \text{ 奇异}\right\} \geqslant \frac{1}{\kappa_2(A)}.$$

另一方面, 若 $x \in \mathbb{C}^n$ 满足 $\|x\|_2 = 1$ 及

$$\|A^{-1}x\|_2 = \|A^{-1}\|_2,$$

则对

$$y = \frac{A^{-1}x}{\|A^{-1}x\|_2}, \quad \delta A = \frac{-xy^{\mathrm{T}}}{\|A^{-1}\|_2}$$

有 $\|y\|_2 = 1$ 且

$$(A + \delta A)y = 0,$$

即 $A + \delta A$ 奇异. 简单推导有

$$\|\delta A\|_2 = \max_{\|z\|_2 = 1, z \in \mathbb{C}^n} \left\|\frac{xy^{\mathrm{T}}}{\|A^{-1}\|_2}z\right\|_2$$

$$= \frac{\|x\|_2}{\|A^{-1}\|_2} \max_{\|z\|_2=1, z \in \mathbb{C}^n} |y^{\mathrm{T}}z| = \frac{1}{\|A^{-1}\|_2}.$$

这就完成了定理证明. □

定理 5.1.4 表明: 当 $\kappa_2(A)$ 很大时 (即 A 很病态), A 就与一奇异矩阵很靠近.

非负矩阵无疑是典型矩阵, 而最简单的非负矩阵是正矩阵.

定义 5.1.7 设 $A = (a_{ij}), B = (b_{ij}) \in \mathbb{R}^{n \times n}$. 若

$$a_{ij} \geqslant b_{ij}, \quad i, j = 1, 2, \cdots, n,$$

则记 $A \geqslant B$. 若

$$a_{ij} > b_{ij}, \quad i, j = 1, 2, \cdots, n,$$

则记 $A > B$. 若 $A \geqslant 0$ 时, 则称 A 为**非负矩阵**; 而 $A > 0$ 时, 称 A 为**正矩阵**.

我们有如下的结论 [12]:

定理 5.1.5 设 $A \in \mathbb{R}^{n \times n}$. 如果 $A \geqslant 0$, 那么

$$\max \left(\min_{1 \leqslant i \leqslant n} \sum_{j=1}^{n} a_{ij}, \min_{1 \leqslant j \leqslant n} \sum_{i=1}^{n} a_{ij} \right)$$
$$\leqslant \rho(A) \leqslant \min \left(\max_{1 \leqslant i \leqslant n} \sum_{j=1}^{n} a_{ij}, \max_{1 \leqslant j \leqslant n} \sum_{i=1}^{n} a_{ij} \right).$$

命题 5.1.4 设 $A, B \in \mathbb{R}^{n \times n}$. 如果 $0 \leqslant A \leqslant B$, 那么

$$\rho(A) \leqslant \rho(B).$$

证明 显然 $A^n \leqslant B^n, \forall n \geqslant 1$. 于是, $\|A^n\|_2 \leqslant \|B^n\|_2$. 进一步由定理 5.1.2 得到 $\rho(A) \leqslant \rho(B)$. □

定义 5.1.8 设 $A = (a_{ij}) \in \mathbb{R}^{n \times n}$ 是非负矩阵. 若

$$\sum_{j=1}^{n} a_{ij} = 1, \quad i = 1, 2, \cdots, n,$$

则称 A 为**随机矩阵**或 **Perron-Frobenius 矩阵**或 **Markov (马尔可夫)矩阵**. 若 A 还满足

$$\sum_{i=1}^{n} a_{ij} = 1, \quad j = 1, 2, \cdots, n,$$

则称 A 为**双随机矩阵** (doubly stochastic matrix).

定理 5.1.6 非负矩阵 A 是 Perron-Frobenius 矩阵的充分必要条件是 $e = (1, 1, \cdots, 1)^{\mathrm{T}} \in \mathbb{R}^n$ 为 A 的对应于特征值 1 的特征向量, 即 $Ae = e$.

1907 年, Perron 发现了正矩阵的特征值和特征向量的重要性质.

定理 5.1.7 (Perron 定理) 设 $A \in \mathbb{R}^{n \times n}$. 如果 $A > 0$, 那么

(1) $\rho(A)$ 为 A 的正特征值且存在正特征向量 x_0, 使得 $Ax_0 = \rho(A)x_0$;

(2) 对任何 $\lambda \in \sigma(A) \setminus \{\rho(A)\}$ 都有 $|\lambda| < \rho(A)$;

(3) $\rho(A)$ 是 A 的单特征值;

(4) A 的任何正特征向量都是 x_0 的倍数.

证明 要证明 (1) 和 (3), 只需证明:

(i) 存在 $\lambda_0 > 0, y_0 > 0$ 使得 $Ay_0 = \lambda_0 y_0$;

(ii) $\lambda_0 = \rho(A)$;

(iii) $\rho(A)$ 是 A 的单特征值.

为此, 记

$$S = \left\{ x = (x_1, x_2, \cdots, x_n)^{\mathrm{T}} : \sum_{j=1}^{n} x_j = 1 \text{ 且 } x_j \geqslant 0 \right\},$$

并定义算子 $T : S \longrightarrow S$ 如下:

$$T(x) = \frac{Ax}{\sum\limits_{j=1}^{n} (Ax)_j},$$

其中 $(Ax)_j$ 表示 Ax 第 j 个分量.

由于 $A > 0$, 故如果 $x \in S$, 那么 $Ax \neq 0$. 从而 $T(x)$ 定义有意义. 不难证明, $T : S \longrightarrow S$ 连续. 显然, S 是有界闭凸集, 故由 Brouwer (布劳威尔) 不动点定理知, 存在 $y_0 \in S$ 使 $T(y_0) = y_0$, 即

$$\frac{Ay_0}{\sum\limits_{j=1}^{n} (Ay_0)_j} = y_0.$$

记

$$\lambda_0 = \sum_{j=1}^{n} (Ay_0)_j.$$

则 $\lambda_0 > 0$ 且 $Ay_0 = \lambda y_0$. 由于 $A > 0$, 故 $y_0 > 0$. 这样就证明了 (i) 成立.

往证 (ii). 只需证明对任何 $\mu \in \sigma(A)$ 都有 $|\mu| \leqslant \lambda_0$. 将 (i) 应用到 A^{T} 上得: 存在 $z > 0$, $\lambda_1 > 0$ 使得

$$A^{\mathrm{T}} z = \lambda_1 z.$$

在上式两边同乘 $y_0{}^{\mathrm{T}}$, 并结合 $y_0{}^{\mathrm{T}} A^{\mathrm{T}} = \lambda_0 y_0{}^{\mathrm{T}}$ 得

$$\lambda_1 y_0{}^{\mathrm{T}} z = y_0{}^{\mathrm{T}} A^{\mathrm{T}} z = \lambda_0 y_0{}^{\mathrm{T}} z.$$

从而有 $\lambda_1 = \lambda_0$ 且

$$A^{\mathrm{T}} z = \lambda_0 z.$$

往证对任何 $\mu \in \sigma(A)$ 都有 $|\mu| \leqslant \lambda_0$. 设 $u = (u_1, u_2, \cdots, u_n)^{\mathrm{T}}$, 满足 $\sum\limits_{j=1}^{n} |u_j| = 1$ 且

$$Au = \mu u.$$

记 $u^+ = (|u_1|, |u_2|, \cdots, |u_n|)$, 则由

$$\sum_{j=1}^{n} a_{ij}|u_j| \geqslant \left| \sum_{j=1}^{n} a_{ij}u_j \right| = |\mu u_i| = |\mu||u_i|, \quad i = 1, 2, \cdots, n$$

有

$$Au^+ \geqslant |\mu|u^+.$$

在上式两边同乘 z^{T} 得

$$z^{\mathrm{T}}Au^+ \geqslant |\mu|z^{\mathrm{T}}u^+.$$

注意到

$$z^{\mathrm{T}}Au^+ = (u^+)^{\mathrm{T}}A^{\mathrm{T}}z = (u^+)^{\mathrm{T}}\lambda_0 z = \lambda_0 z^{\mathrm{T}}u^+,$$

我们得到 $|\mu| \leqslant \lambda_0$. 从而 (ii) 成立. 若 $|\mu| = \lambda_0$, 则还有 $Au^+ = \lambda_0 u^+$.

下面证明 (iii). 由于 A 的属于 λ_0 的左、右特征向量分别是 $z > 0$ 和 $y_0 > 0$, 故由

$$Ay_0 = \lambda_0 y_0, \quad z^{\mathrm{T}}A = \lambda_0 z^{\mathrm{T}}$$

得到 $z^{\mathrm{T}}y_0 > 0$. 由命题 5.1.3, 只需证明 $\lambda_0 = \rho(A)$ 的几何重数为 1. 亦即只需证明: 若 $v \in \mathbb{R}^n$ 满足 $v \neq 0$ 且 $Av = \lambda_0 v$, 则 v 是 y_0 的倍数.

用反证法. 若不然, v, y_0 线性无关. 记

$$y_0 = (y_1^0, y_2^0, \cdots, y_n^0)^{\mathrm{T}} > 0, \quad v = (v_1, v_2, \cdots, v_n)^{\mathrm{T}}.$$

不妨设

$$v_1, v_2, \cdots, v_l > 0, \quad v_j \leqslant 0, \quad j = l+1, l+2, \cdots, n.$$

记

$$\xi = \min\left\{ \frac{y_j^0}{v_j}, j = 1, 2, \cdots, l \right\} = \frac{y_m^0}{v_m}, \quad m \in \{1, 2, \cdots, l\},$$

则
$$y_0 - \xi v \geqslant 0 \text{ 且 } (y_0 - \xi v)_m = 0, \ y_0 - \xi v \neq 0.$$

由于
$$A(y_0 - \xi v) = \lambda_0(y_0 - \xi v),$$

故由 $A > 0$ 得 $y_0 - \xi v > 0$. 矛盾. 因此, v 必为 y_0 的倍数.

一般地, 若 $v = \tilde{v} + \mathrm{i}\tilde{\tilde{v}}$ 满足 $Av = \lambda_0 v$, 则
$$A\tilde{v} = \lambda_0 \tilde{v}, \quad A\tilde{\tilde{v}} = \lambda_0 \tilde{\tilde{v}},$$

且存在 ξ_1, ξ_2 使得 $\tilde{v} = \xi_1 y_0, \tilde{\tilde{v}} = \xi_2 y_0$, 从而 $v = (\xi_1 + \mathrm{i}\xi_2)y_0$. 这就证明了 (iii).

其次我们证明 (2). 设 $|\lambda| = \rho(A)$, $Au = \lambda u$, 则由 (ii) 之证明知 $Au^+ = \rho(A)u^+$, 且 $\left| \sum\limits_{j=1}^{n} a_{ij}u_j \right| = \sum\limits_{j=1}^{n} a_{ij}|u_j|$. 故 $u = u^+ \mathrm{e}^{\mathrm{i}\phi}$. 这表明 $Au = \rho(A)u$ 且 $\lambda = \rho(A)$.

最后证明 (4). 若 $Au = \mu u, u > 0$, 则
$$\mu z^{\mathrm{T}} u = z^{\mathrm{T}} A u = \lambda_0 z^{\mathrm{T}} u.$$

注意到 $z^{\mathrm{T}} u > 0$, 我们有 $\mu = \lambda_0$, 从而由 (iii) 得 $u = \xi y_0$. 这就完成了定理之证明. □

定理 5.1.8 (广义 Perron 定理) 设 $A \in \mathbb{R}^{n \times n}$. 如果 $A \geqslant 0$, 那么 $\rho(A)$ 为 A 的特征值且相应的特征向量 $x \geqslant 0$ (从而 $x \neq 0$).

证明 对任何整数 k, 定义 $A_k = A + E/k$, 其中 E 为所有元素为 1 的 n 阶矩阵. 显然,
$$0 \leqslant A < A_{k+1} < A_k.$$

于是

$$\rho(A) \leqslant \rho(A_{k+1}) \leqslant \rho(A_k)$$

且 $\lim\limits_{k\to\infty} \rho(A_k)$ 存在. 记此极限为 λ, 则 $\rho(A) \leqslant \lambda$.

往证 $\lambda \in \sigma(A)$. 由于 $A_k > 0$, 故由定理 5.1.7 得, 存在 $y_k = (y_1^{(k)}, y_2^{(k)}, \cdots, y_n^{(k)})^{\mathrm{T}}$ 使得 $A_k y_k = \rho(A_k) y_k$. 记 $x_k = \dfrac{y_k}{\|y_k\|_2}$, 即

$$x_k = \frac{y_k}{\left(\sum\limits_{j=1}^{n} (y_j^{(k)})^2\right)^{1/2}},$$

则 $x_k > 0$ 且 $\|x_k\|_2 = 1$. 又令

$$S_2 = \{x \geqslant 0 : \|x\|_2 = 1, x \in \mathbb{R}^n\},$$

则 S_2 是 $\mathbb{R}^n$ 中的有界闭集且 $x_k \in S_2$, 故存在 $\{x_{k_l}\} \subset \{x_k\}$ 及 $x \in S_2$ 使得

$$\lim_{l\to\infty} x_{k_l} = x.$$

这样

$$\lambda x = \lim_{l\to\infty} \rho(A_{k_l}) \lim_{l\to\infty} x_{k_l} = \lim_{l\to\infty} \rho(A_{k_l}) x_{k_l} = \lim_{l\to\infty} A_{k_l} x_{k_l} = Ax.$$

于是 $x \neq 0$ 且 $0 \leqslant x$ 是 A 对应于特征值 λ 的特征向量. 由于 $\lambda \leqslant \rho(A)$, 故 $\lambda = \rho(A)$. 这就完成了定理的证明. □

正矩阵 A 的模为 $\rho(A)$ 的特征值是唯一的. 但对于非负矩阵来说则不一定.

例 5.1.1 设

$$A = \begin{pmatrix} 0 & 1 & 0 & \cdots & 0 & 0 \\ 0 & 0 & 1 & \cdots & 0 & 0 \\ \vdots & \vdots & \vdots & & \vdots & \vdots \\ 0 & 0 & 0 & \cdots & 0 & 1 \\ 1 & 0 & 0 & \cdots & 0 & 0 \end{pmatrix} \in \mathbb{R}^{n \times n},$$

则
$$A \geqslant 0, \sigma(A) = \{e^{\frac{i2\pi j}{n}} : j = 0, 1, 2, \cdots, n-1\}.$$

不难知道, 对任何 $\lambda \in \sigma(A)$ 都有 $|\lambda| = 1$. 于是 $\rho(A) = 1$.

5.2 LU 分解与 Cholesky 分解

当 n 阶矩阵 $A = (a_{ij})$ 的行列式不为零时, 线性方程组
$$Ax = b \tag{5.3}$$

有唯一解. 进一步, 当 A 是下 (或上) 三角形矩阵即 $a_{ij} = 0$, $j > i$ (或 $a_{ij} = 0$, $j < i$) 时, 方程组 (5.3) 很容易求解.

因此, 我们可把一般的 A 化成下 (或上) 三角形矩阵然后再来求解. Gauss 消去法就是把 A 化成上三角形矩阵的一种方法. 如果 A 能分解成 $A = LU$, 其中 L 为下三角形矩阵, 而 U 为上三角形矩阵, 那么方程组 (5.3) 可转化成
$$Ly = b \quad \text{和} \quad Ux = y \tag{5.4}$$

的求解. 这样, 关键就变成要对 A 进行 LU 分解.

我们称对角元均为 1 的下 (或上) 三角形矩阵为**单位下 (或上) 三角形矩阵**.

定理 5.2.1 如果 $A \in \mathbb{C}^{n \times n}$ 的所有顺序主子阵非奇异, 那么存在唯一的上三角形矩阵 U 和单位下三角形矩阵 L 使得 $A = LU$.

证明 记 $l_{i1} = a_{i1}/a_{11} (i = 1, 2, \cdots, n)$, 并将
$$L_1 = \begin{pmatrix} 1 & 0 & 0 & \cdots & 0 & 0 \\ -l_{21} & 1 & 0 & \cdots & 0 & 0 \\ -l_{31} & 0 & 1 & \cdots & 0 & 0 \\ \vdots & \vdots & \vdots & & \vdots & \vdots \\ -l_{n1} & 0 & 0 & \cdots & 0 & 1 \end{pmatrix}$$

作用在 A 上, 我们有

$$A_1 \equiv L_1 A = \begin{pmatrix} a_{11} & a_{12} & a_{13} & \cdots & a_{1(n-1)} & a_{1n} \\ 0 & a_{22}^{(1)} & a_{23}^{(1)} & \cdots & a_{2(n-1)}^{(1)} & a_{2n}^{(1)} \\ 0 & a_{32}^{(1)} & a_{33}^{(1)} & \cdots & a_{3(n-1)}^{(1)} & a_{3n}^{(1)} \\ \vdots & \vdots & \vdots & & \vdots & \vdots \\ 0 & a_{(n-1)2}^{(1)} & a_{(n-1)3}^{(1)} & \cdots & a_{(n-1)(n-1)}^{(1)} & a_{(n-1)n}^{(1)} \\ 0 & a_{n2}^{(1)} & a_{n3}^{(1)} & \cdots & a_{n(n-1)}^{(1)} & a_{nn}^{(1)} \end{pmatrix}.$$

记 $l_{i2} = a_{i2}^{(1)} \big/ a_{22}^{(1)} (i = 2, 3, \cdots, n)$, 并将

$$L_2 = \begin{pmatrix} 1 & 0 & 0 & \cdots & 0 & 0 \\ 0 & 1 & 0 & \cdots & 0 & 0 \\ 0 & -l_{32} & 1 & \cdots & 0 & 0 \\ \vdots & \vdots & \vdots & & \vdots & \vdots \\ 0 & -l_{(n-1)2} & 0 & \cdots & 1 & 0 \\ 0 & -l_{n2} & 0 & \cdots & 0 & 1 \end{pmatrix}$$

作用在 A_1 上, 我们得到

$$A_2 \equiv L_2 A_1 = \begin{pmatrix} a_{11} & a_{12} & a_{13} & \cdots & a_{1(n-1)} & a_{1n} \\ 0 & a_{22}^{(1)} & a_{23}^{(1)} & \cdots & a_{2(n-1)}^{(1)} & a_{2n}^{(1)} \\ 0 & 0 & a_{33}^{(2)} & \cdots & a_{3(n-1)}^{(2)} & a_{3n}^{(2)} \\ \vdots & \vdots & \vdots & & \vdots & \vdots \\ 0 & 0 & a_{(n-1)3}^{(2)} & \cdots & a_{(n-1)(n-1)}^{(2)} & a_{(n-1)n}^{(2)} \\ 0 & 0 & a_{n3}^{(2)} & \cdots & a_{n(n-1)}^{(2)} & a_{nn}^{(2)} \end{pmatrix}.$$

因此, 我们归纳得到: 记 $l_{n(n-1)} = a_{n(n-1)}^{(n-2)} \big/ a_{(n-1)(n-1)}^{(n-2)}$, 并将

$$L_{n-1} = \begin{pmatrix} 1 & 0 & 0 & \cdots & 0 & 0 \\ 0 & 1 & 0 & \cdots & 0 & 0 \\ \vdots & \vdots & \vdots & & \vdots & \vdots \\ 0 & 0 & 0 & \cdots & 1 & 0 \\ 0 & 0 & 0 & \cdots & -l_{n(n-1)} & 1 \end{pmatrix}$$

作用在

$$A_{n-2} = \begin{pmatrix} a_{11} & a_{12} & a_{13} & \cdots & a_{1(n-1)} & a_{1n} \\ 0 & a_{22}^{(1)} & a_{23}^{(1)} & \cdots & a_{2(n-1)}^{(1)} & a_{2n}^{(1)} \\ 0 & 0 & a_{33}^{(2)} & \cdots & a_{3(n-1)}^{(2)} & a_{3n}^{(2)} \\ \vdots & \vdots & \vdots & & \vdots & \vdots \\ 0 & 0 & 0 & \cdots & a_{(n-1)(n-1)}^{(n-2)} & a_{(n-1)n}^{(n-2)} \\ 0 & 0 & 0 & \cdots & a_{n(n-1)}^{(n-2)} & a_{nn}^{(n-2)} \end{pmatrix}$$

上, 有

$$A_{n-1} \equiv L_{n-1}A_{n-2} = \begin{pmatrix} a_{11} & a_{12} & a_{13} & \cdots & a_{1(n-1)} & a_{1n} \\ 0 & a_{22}^{(1)} & a_{23}^{(1)} & \cdots & a_{2(n-1)}^{(1)} & a_{2n}^{(1)} \\ 0 & 0 & a_{33}^{(2)} & \cdots & a_{3(n-1)}^{(2)} & a_{3n}^{(2)} \\ \vdots & \vdots & \vdots & & \vdots & \vdots \\ 0 & 0 & 0 & \cdots & a_{(n-1)(n-1)}^{(n-2)} & a_{(n-1)n}^{(n-2)} \\ 0 & 0 & 0 & \cdots & 0 & a_{nn}^{(n-1)} \end{pmatrix},$$

为上三角形矩阵. 若记

$$U = A_{n-1} = L_{n-1}L_{n-2}\cdots L_1 A,$$

则

$$A = L_1^{-1}L_2^{-1}\cdots L_{n-1}^{-1} U = LU, \tag{5.5}$$

其中

$$L = L_1^{-1} L_2^{-1} \cdots L_{n-1}^{-1}.$$

不难验证

$$L = \begin{pmatrix} 1 & 0 & 0 & \cdots & 0 & 0 \\ l_{21} & 1 & 0 & \cdots & 0 & 0 \\ l_{31} & l_{32} & 1 & \cdots & 0 & 0 \\ \vdots & \vdots & \vdots & & \vdots & \vdots \\ l_{n1} & l_{n2} & l_{n3} & \cdots & l_{n(n-1)} & 1 \end{pmatrix} \tag{5.6}$$

为单位下三角形矩阵, 即 L 是一个对角元均为 1 的下三角形矩阵. 以上证明用到了这一事实: A 的所有顺序主子阵非奇异意味着 $a_{ii}^{(j)} \neq 0, i = 2, 3, \cdots, n; j = 1, 2, \cdots, n-1$.

下证唯一性. 如果

$$A = LU = \widetilde{L}\widetilde{U},$$

其中 L 和 $\widetilde{L}$ 为单位下三角形矩阵, 而 U 和 $\widetilde{U}$ 为上三角形矩阵, 那么

$$\widetilde{L}^{-1}L = \widetilde{U}^{-1}U.$$

上式左边是单位下三角形矩阵, 右边是单位上三角形矩阵. 因此必有

$$\widetilde{L}^{-1}L = \widetilde{U}^{-1}U = I.$$

于是 $L = \widetilde{L}, U = \widetilde{U}$. 这就证明了唯一性 　　　　　　□

(5.5) 式称为 A 的 **LU 分解**或**三角分解**. 矩阵 A 非奇异不能保证其所有顺序主子阵非奇异. 如果把两行对换的初等变换考虑进来, 那么我们就可得到如下列主元的 Gauss 消去法.

定理 5.2.2 如果 $A \in \mathbb{C}^{n \times n}$ 非奇异, 那么存在排列矩阵 P, 上三角

形矩阵 U 和唯一单位下三角形矩阵 L 使得 $PA = LU$.

若 $A \in \mathbb{R}^{n \times n}$ 是对称正定矩阵, 即 $A^{\mathrm{T}} = A$ 且满足 $x^{\mathrm{T}}Ax > 0$, $\forall x \in \mathbb{R}^n \setminus \{0\}$, 则我们有如下的 Cholesky 分解定理.

定理 5.2.3 如果 $A \in \mathbb{R}^{n \times n}$ 对称正定, 那么存在一个对角元均为正数的下三角形矩阵 $L \in \mathbb{R}^{n \times n}$ 使得

$$A = LL^{\mathrm{T}},$$

上式中的 L 称为 A 的 **Cholesky 因子**.

证明 由于 A 是对称正定矩阵, 所以 A 的全部主子阵均为正定矩阵, 故由定理 5.2.1 知, 存在一个单位下三角形矩阵 $\widetilde{L}$ 和一个上三角形矩阵 $U = (u_{ij})$ 使得 $A = \widetilde{L}U$. 记

$$D = \operatorname{diag}(u_{11}, u_{22}, \cdots, u_{nn}), \quad \widetilde{U} = D^{-1}U,$$

我们有

$$\widetilde{U}^{\mathrm{T}}D\widetilde{L}^{\mathrm{T}} = A^{\mathrm{T}} = A = \widetilde{L}D\widetilde{U}.$$

于是

$$\widetilde{L}^{\mathrm{T}}\widetilde{U}^{-1} = D^{-1}(\widetilde{U}^T)^{-1}\widetilde{L}D.$$

上式左边是一个单位上三角形矩阵而右边则是一个下三角形矩阵, 因此两边均为单位矩阵. 于是

$$\widetilde{U} = \widetilde{L}^{\mathrm{T}},$$

从而

$$A = \widetilde{L}D\widetilde{L}^{\mathrm{T}}.$$

这表明 D 的对角元均为正数. 记

$$L = \widetilde{L}\mathrm{diag}(\sqrt{u_{11}}, \sqrt{u_{22}}, \cdots, \sqrt{u_{nn}}),$$

我们有

$$A = LL^{\mathrm{T}}$$

且 $L = (l_{ij})$ 的对角元 $l_{jj} = \sqrt{u_{jj}} > 0$, $j = 1, 2, \cdots, n$. □

5.3 迭代的收敛性

基于 LU 分解或 Cholesky 分解的求解是有限次迭代就能获得精确解的迭代法. 但当矩阵规模很大时, "有限次" 这个数事实上是非常之大. 如果考虑非精确求解, 那么在可容许的误差情况下其他近似求解的迭代法的计算量要小很多. 本节先介绍一般迭代法的收敛性, 下一节再介绍典型的迭代法理论.

设 $T \in \mathbb{C}^{n \times n}$; $c, x_0 \in \mathbb{C}^n$. 迭代过程

$$x_k = Tx_{k-1} + c, \quad k = 1, 2, \cdots \tag{5.7}$$

是一离散动力系统. 我们称 T 为迭代矩阵.

简单推导有: 若 $x = Tx + c$, 则

$$x_k - x = T^k(x_0 - x), \quad k = 0, 1, 2, \cdots. \tag{5.8}$$

在实际求解中, 迭代 (5.7) 中迭代矩阵 T 可适时变化, 即 T 可用它的近似 T_k 来代替.

我们要问: 在哪些情况下, 迭代 (5.7) 会收敛呢? 由定理 5.1.2, 我们有

定理 5.3.1 以下四者等价:

(1) 迭代 (5.7) 对任何 $c, x_0 \in \mathbb{C}^n$ 收敛.

(2) 存在 $x_0 \in \mathbb{C}^n$, 迭代 (5.7) 对任何 $c \in \mathbb{C}^n$ 都收敛.

(3) $\lim_{k\to\infty} T^k = 0$.

(4) $\rho(T) < 1$.

证明 首先, 由迭代 (5.7) 确定的动力系统 $\{x_k\}$ 满足

$$x_k = T^k x_0 + \sum_{j=0}^{k-1} T^j c, \quad k = 1, 2, \cdots. \tag{5.9}$$

于是, 由 (5.9) 式和定理 5.1.2 知: 只需证明 (2) $\Rightarrow$ (4).

由 (5.9) 式有

$$x_{k+1} - x_k = T^k(c + (T - I)x_0), \quad k = 1, 2, \cdots. \tag{5.10}$$

注意到, 对给定的 $x_0 \in \mathbb{C}^n$, (5.10) 式对任何 $c \in \mathbb{C}^n$ 均收敛到 0. 因此, 对任何 $z \in \mathbb{C}^n$ 均有

$$T^k z \to 0. \tag{5.11}$$

若 (λ, y) 为 T 的任意一特征对, 则由 (5.11) 式及

$$T^k y = \lambda^k y$$

得到

$$\lambda^k y \to 0.$$

这样, 由 $y \neq 0$ 即得 (4) 成立. □

以下的结论告诉我们: 当 $\rho(T) \geqslant 1$ 时, 迭代 (5.7) 的收敛性有些复杂[①].

定理 5.3.2 (1) 设 $\rho(T) = 1$, $\lambda \in \sigma(T)$, 且 $y \in \mathbb{C}^n$ 是矩阵 T 对应 λ 的特征向量. 若 $|\lambda| = 1$, 则迭代

---

① MACCLUER C R. The many proofs and applications of Perron's theorems. SIAM Rev., 2000, 42: 487-498.

$$y_k = Ty_{k-1} + c, \quad y_0 = 0, k = 1, 2, \cdots$$

和

$$x_k = Tx_{k-1} + c, \quad x_0 = y, k = 1, 2, \cdots$$

不能同时收敛到同一点, 即迭代 (5.7) 不稳定.

(2) 当 $\rho(T) > 1$ 时, 集合

$$D_0 = \{x_0 \in \mathbb{C}^n : x_k = Tx_{k-1}(k = 1, 2, \cdots) \text{ 收敛}\} \tag{5.12}$$

是 $\mathbb{C}^n$ 中的第一纲集[①].

证明　(1) 由 (5.9) 式有

$$x_k - y_k = T^k(x_0 - y_0) = T^k y = \lambda^k y.$$

因此, 条件 $|\lambda| = 1$ 和 $y \neq 0$ 意味着 $\{y_k\}$ 和 $\{x_k\}$ 不能同时收敛到同一点.

下面给出 (2) 的证明. 若 $\rho(T) > 1$, 则对任何算子范数 $\|\cdot\|$, 由 $\rho(T) = \lim\limits_{k\to\infty} \|T^k\|^{\frac{1}{k}}$ 知, 当 k 充分大时

$$\|T^k\|^{\frac{1}{k}} \geqslant q > 1.$$

于是 $\|T^k\| \to \infty$.

对 $x_0 \in D_0$, 由迭代

$$x_k = Tx_{k-1}, \quad k = 1, 2, \cdots$$

知 $T^k x_0(k = 1, 2, \cdots)$ 收敛.

如果 D_0 不是第一纲集, 那么它必定是第二纲集. 于是由共鸣定理 (见 [31] 的第一卷) 及 $T^k x_0(k = 1, 2, \cdots)$ 对任何 $x_0 \in D_0$ 收敛, 我们有

[①] 若 $B = \bigcup\limits_{k=1}^{\infty} B_k$, 而 B_k 是稀疏的, 则称集合 $B \subset \mathbb{R}^n$ 是第一纲集.

$$\overline{\lim_{k\to\infty}} \|T^k\| < \infty.$$

这与 $\|T^k\| \to \infty$ 矛盾. □

定理 5.3.2 表明: 对于线性离散动力系统来说, 其迭代复杂. 当迭代映射 T 为非线性时, 其迭代 $x_k = Tx_{k-1}$ 可能更为复杂, 详见下一章.

注记 5.3.1 当 $\rho(T) = 1 \in \sigma(T)$ 时, 极限 $\lim\limits_{k\to\infty} T^k$ 存在的充分必要条件可参见 [11] 中的定理 2.16. 当 T 为 Perron-Frobenius 矩阵时, $\rho(T) = 1 \in \sigma(T)$.

由于计算迭代矩阵的谱半径相当困难, 故需要给出方便的判断条件. 事实上, 我们有

定理 5.3.3 若迭代矩阵 T 在算子范数 $\|\cdot\|$ 下满足 $\|T\| = \alpha < 1$, 则

$$\|x_k - x\| \leqslant \frac{\alpha^k}{1-\alpha}\|x_1 - x_0\|, \quad k = 1, 2, \cdots, \tag{5.13}$$

其中 $x \in \mathbb{C}^n$ 满足 $x = Tx + c$.

证明 由 (5.8) 式有

$$\|x_k - x\| \leqslant \|T\|^k\|x_0 - x\| \leqslant \alpha^k\|x_0 - x\|, \quad k = 1, 2, \cdots, \tag{5.14}$$

而由 $\|T\| < 1$ 可知 $(I - T)^{-1}$ 存在且 $x = (I - T)^{-1}c$. 于是

$$x_0 - x = x_0 - (I - T)^{-1}c = (I - T)^{-1}((I - T)x_0 - c)$$

$$= (I - T)^{-1}(x_0 - (Tx_0 + c))$$

$$= (I - T)^{-1}(x_0 - x_1).$$

注意到, 在算子范数 $\|\cdot\|$ 下满足 $\|I\| = 1$ (参见本章问题 2). 因此, 我们有

$$\|x_0 - x\| \leqslant \|(I - T)^{-1}\|\|x_0 - x_1\| \leqslant \frac{1}{1 - \|T\|}\|x_0 - x_1\|. \tag{5.15}$$

结合 (5.14) 式与 (5.15) 式即得 (5.13) 式. □

定理 5.3.3 是先验估计, 如下的结果则是后验估计.

定理 5.3.4 若迭代矩阵 T 在算子范数 $\|\cdot\|$ 下满足 $\|T\| = \alpha < 1$, 则

$$\|x_k - x\| \leqslant \frac{\alpha}{1 - \alpha}\|x_k - x_{k-1}\|, \quad k = 1, 2, \cdots, \tag{5.16}$$

其中 $x \in \mathbb{C}^n$ 满足 $x = Tx + c$.

证明 由 $x = (I - T)^{-1}c$ 及

$$x_k - x = Tx_{k-1} - Tx,$$

我们得到

$$x_k - x = T(x_{k-1} - (I - T)^{-1}c) = T(I - T)^{-1}((I - T)x_{k-1} - c).$$

注意到 $x_k = Tx_{k-1} + c$, 我们有

$$x_k - x = T(I - T)^{-1}(x_{k-1} - x_k).$$

利用 $\|T\| < 1$ 即完成定理证明. □

事实上, 我们可以从 (5.16) 式导出 (5.13) 式.

5.4 基本迭代法

本节将考虑求解代数方程组

$$Ax = b \tag{5.17}$$

所引出的几类典型的迭代法. 求解方程组 (5.17) 的方法有两类: 直接法和迭代法. 一般的单步迭代法的步骤是通过 x 的一个已知近似值 x^{old} 得到 x 的一个新的近似值 x^{new}. 这往往是通过基于残量问题逼近来进行近

似值更新. 具体的过程可按如下方式来描述:

第一步, 评估残量 $r^{\text{old}} = b - Ax^{\text{old}}$. 如果 r^{old} 足够小, 则停止迭代.

第二步, 近似地求解方程组

$$A(\delta x) = r^{\text{old}},$$

得到近似解 $\tilde{\delta} x = B r^{\text{old}}$, 其中 B 是 A^{-1} 的一个近似 (它通常是可逆的), 被称为该迭代的**预条件子**.

第三步, 更新/校正 $x^{\text{new}} = x^{\text{old}} + \tilde{\delta} x$.

在上述迭代中, 预条件子 B 应具有如下特性:

(1) B 越简单越好;

(2) B 越接近 A^{-1} 越好.

我们希望能由简单的 (x_0, B) 快速有效地迭代得到复杂的 (x, A^{-1}) 或其有效逼近. 但注意到, 上述 (1) 和 (2) 是相矛盾的. 因此, 在实际计算中, 我们需要在两者之间找到某种平衡.

如果记 $x_{k-1} = x^{\text{old}}, x_k = x^{\text{new}}$, 那么上述迭代过程可以写成

$$x_k = x_{k-1} + B(b - Ax_{k-1}). \tag{5.18}$$

于是, 我们得到如下的算法:

给定 $x_0 \in \mathbb{C}^n$ (或 $\mathbb{R}^n$), 计算

$$x_k = x_{k-1} + B(b - Ax_{k-1}), \quad k = 1, 2, \cdots$$

$$x_k = (I - BA)x_{k-1} + Bb, \quad k = 1, 2, \cdots. \tag{5.19}$$

这样, 由定理 5.3.1 我们有

命题 5.4.1 设 $x \in \mathbb{C}^n$ (或 $\mathbb{R}^n$) 是方程组 (5.17) 的解. 以下三者等价:

(1) 迭代 (5.19) 对任何 $x_0, b \in \mathbb{C}^n$ (或 $\mathbb{R}^n$) 收敛, 即 $\lim\limits_{k\to\infty} x_k = x$.

(2) $\rho(I - BA) < 1$.

(3) $|1 - \lambda| < 1$, $\lambda \in \sigma(BA)$.

我们知道迭代算法的有效性关键在于如何构造简单有效的预条件子 B, 这是不容易做到的, 因为要得到越接近 A^{-1} 的预条件子 B, 计算复杂度会越高, 但 $\rho(I - BA)$ 越小 (从而收敛越快); 而 B 越简单, 往往 $\rho(I - BA)$ 越大. 多重网格法、区域分解法都是为了寻找简单的 B 使得 $\rho(I - BA)$ 小.

A 的逆 A^{-1} 通常难以准确求得, 而 A^{-1} 的近似 B 有两类: 一类是 $B = (A_{\text{approx}})^{-1}$, 另一类是 B 为 A^{-1} 的主部.

例 5.4.1　对于简单迭代法——Richardson (理查森) 迭代法, 即取

$$B = \omega I.$$

我们有: 当 $A \in \mathbb{R}^{n\times n}$ 对称正定时, Richardson 迭代法收敛的条件是 $0 < \omega < 2/\rho(A)$. 但是 $\rho(A)$ 通常不知道.

例 5.4.2 (双网格法)　通常方程组 (5.17) 对应着细网格上的代数方程组, 如有限元、有限差分、有限体离散方法所导出的代数方程组, 即

$$A_{\text{fine}} x = b. \tag{5.20}$$

因此, 我们可以简单地取 $B = (A_{\text{coarse}})^{-1}$. 于是, 迭代 (5.19) 变成

$$x_{k+1} = (I - (A_{\text{coarse}})^{-1} A_{\text{fine}})x_k + (A_{\text{coarse}})^{-1}b, \tag{5.21}$$

这里 A_{fine} 为细网格上对应的矩阵, A_{coarse} 为粗网格上对应的矩阵. 格式 (5.21) 称为 **双网格法**. 双网格法的收敛性分析可参见 [15].

下面我们将分析一些典型的迭代法. 设 $A \in \mathbb{R}^{n\times n}$ 是对称正定矩阵,

记 D, U, L 分别是 A 的对角部分、对角元素为零的上三角部分以及对角元素为零的下三角部分. 于是, $A = D + U + L$ 且 A^{-1} 的近似 B 可以如下选取:

$$
B = \begin{cases}
\omega I, & \text{Richardson 迭代法}, \\
D^{-1}, & \text{Jacobi (雅可比) 迭代法}, \\
\omega D^{-1}, & \text{阻尼 Jacobi 迭代法}, \\
(D + L)^{-1}, & \text{Gauss-Seidel (高斯-赛德尔) 迭代法}, \\
\omega(D + \omega L)^{-1}, & \text{SOR (超松弛, successive over relaxation)} \\
& \text{迭代法}.
\end{cases}
$$

我们通过估计 $\rho(I - BA)$ 来对迭代 (5.19) 的收敛性进行分析. 首先有如下等式:

$$
\rho(I - BA) = \max\{|1 - \lambda_{\min}(BA)|, |1 - \lambda_{\max}(BA)|\}. \tag{5.22}
$$

定理 5.4.1　若 $A \in \mathbb{R}^{n \times n}$ 是对称正定矩阵, 则

(1) Richardson 迭代收敛当且仅当 $0 < \omega < \dfrac{2}{\rho(A)}$;

(2) Jacobi 迭代收敛当且仅当 $2D - A$ 是对称正定矩阵;

(3) 阻尼 Jacobi 迭代收敛当且仅当 $0 < \omega < \dfrac{2}{\rho(D^{-1}A)}$;

(4) Gauss-Seidel 迭代总是收敛;

(5) SOR 迭代收敛当且仅当 $0 < \omega < 2$.

证明　由命题 5.4.1 及 (5.22) 式即得 (1). 而阻尼 Jacobi 迭代即为对应 $D^{-1}A$ 的 Richardson 迭代, 因此我们有 (3). 结论 (5) 的证明及相关讨论参见 [22]. 下面给出 (2) 和 (4) 的证明.

(2) 由 A 的对称性及

$$
I - D^{-1}A = D^{-1/2}(I - D^{-1/2}AD^{-1/2})D^{1/2}
$$

可推导出 $I - D^{-1/2}AD^{-1/2}$ 也是对称的且与 $I - D^{-1}A$ 相似并有相同

的特征值.

必要性. 若 Jacobi 迭代收敛, 即 $\rho(I - D^{-1}A) < 1$, 则

$$|\lambda| < 1, \quad \lambda \in \sigma(I - D^{-1/2}AD^{-1/2}),$$

或

$$\sigma(D^{-1/2}AD^{-1/2}) \subset (0, 2).$$

由于 $\sigma(2I - D^{-1/2}AD^{-1/2}) \subset \mathbb{R}$, 故 $2I - D^{-1/2}AD^{-1/2}$ 正定. 而

$$D^{-1/2}(2D - A)D^{-1/2} = 2I - D^{-1/2}AD^{-1/2},$$

所以 $2D - A$ 正定.

充分性. 注意到

$$D^{1/2}(D^{-1}A)D^{-1/2} = D^{-1/2}AD^{-1/2},$$

由 A 正定知 $\sigma(D^{-1}A) \subset (0, \infty)$, 从而有 $\sigma(I - D^{-1}A) \subset (-\infty, 1)$. 利用 $2D - A$ 正定及

$$D^{-1/2}(2D - A)D^{-1/2} = D^{1/2}(I + I - D^{-1}A)D^{-1/2}$$

可得 $\sigma(I - D^{-1}A) \subset (-1, \infty)$. 于是, $\sigma(I - D^{-1}A) \subset (-1, 1)$, 从而 Jacobi 迭代收敛.

(4) 若 $\lambda \in \sigma(I - (D + L)^{-1}A)$, 则存在 $x \in \mathbb{R}^n$ 满足 $x \neq 0$ 以及

$$(I - (D + L)^{-1}A)x = \lambda x,$$

或

$$-(D + L)^{-1}Ux = \lambda x.$$

由于 A 对称, 故 $U = L^{\mathrm{T}}$. 于是

$$\lambda(D + L)x = -L^{\mathrm{T}}x.$$

从而

$$\lambda(x^{\mathrm{T}}Dx + x^{\mathrm{T}}Lx) = -x^{\mathrm{T}}L^{\mathrm{T}}x.$$

注意到

$$x^{\mathrm{T}}Lx = x^{\mathrm{T}}L^{\mathrm{T}}x,$$

我们有

$$|\lambda|^2(x^{\mathrm{T}}Dx + x^{\mathrm{T}}Lx)^2 = (x^{\mathrm{T}}Lx)^2$$

以及

$$0 < x^{\mathrm{T}}Ax = x^{\mathrm{T}}(D + L + L^{\mathrm{T}})x = x^{\mathrm{T}}Dx + 2x^{\mathrm{T}}Lx.$$

于是, 由

$$|\lambda|^2(x^{\mathrm{T}}Dx + x^{\mathrm{T}}Lx)^2 = |\lambda|^2(x^{\mathrm{T}}Dx(x^{\mathrm{T}}Dx + 2x^{\mathrm{T}}Lx) + (x^{\mathrm{T}}Lx)^2)$$
$$> |\lambda|^2(x^{\mathrm{T}}Lx)^2$$

即得 $|\lambda| < 1$. 这表明 $\rho(I - (D + L)^{-1}A) < 1$. 因此, Gauss-Seidel 迭代总是收敛. $\qquad\square$

给定矩阵 A, 我们还可以从另一角度来分解: 将 A 的我们比较熟悉的或简单的部分 (如正定部分) 分离出来, 然后基于此分解设计算法. 我们考虑分解

$$A = M - N,$$

其中 M 是非奇异的, 比较熟悉的, 或性质比较好的. 例如, $M = \dfrac{1}{2}(A + A^{\mathrm{T}})$ 是 A 的对称部分, 而 $N = \dfrac{1}{2}(A^{\mathrm{T}} - A)$ 为 A 的反对称部分. 一般地, 对此分解, M^{-1} 不易得到. 注意到方程组 (5.17) 可写成

$$Mx = Nx + b.$$

因此, 当 M^{-1} 容易得到时, 对给定的 $x_0 \in \mathbb{R}^n$, 我们可考虑迭代

$$Mx_k = Nx_{k-1} + b, \quad k = 1, 2, \cdots,$$

或

$$x_k = M^{-1}Nx_{k-1} + M^{-1}b, \quad k = 1, 2, \cdots. \tag{5.23}$$

比较迭代 (5.19) 与 (5.23) 有

$$B \approx A^{-1},$$

因而可取 $M \approx A$, 即 M 为 A 的主要部分. 注意到, 若取 $B = M^{-1}$, 则有

$$M^{-1}N = I - BA,$$

即迭代 (5.19) 与 (5.23) 相同.

如前所述, 迭代 (5.23) 的收敛性依赖于 $\rho(M^{-1}N)$. 如何估计与分析 $\rho(M^{-1}N)$ 呢? 让我们先回顾几类典型的迭代是如何构造 $A = M - N$ 的. 不难知道

Jacobi 迭代: $M = D, N = -L - U$;

Gauss-Seidel 迭代: $M = D + L, N = -U$;

SOR 迭代: $M = \dfrac{1}{\omega}(D + \omega L), N = \dfrac{1}{\omega}((1-\omega)D - \omega U), \omega \neq 0$.

而对于有限元离散、有限差分离散, 这些分解通常具有下列性质:

$$M^{-1} \geqslant 0, \ N \geqslant 0 \quad \text{或} \quad M^{-1} \geqslant 0, \ M^{-1}N \geqslant 0.$$

于是, 我们可抽象出如下定义.

定义 5.4.1　设 M 非奇异. 若 $M^{-1} \geqslant 0, N \geqslant 0$, 则称 $A = M - N$ 为**正规分解**. 若 $M^{-1} \geqslant 0, M^{-1}N \geqslant 0$, 则称 $A = M - N$ 为**弱正规分解**.

关于上述分解, 对确定迭代 (5.23) 的收敛性的 $\rho(M^{-1}N)$ 有如下的

刻画.

定理 5.4.2 设 $A = M - N$ 是弱正规分解, 那么 $\rho(M^{-1}N) < 1$ 当且仅当 A 是非奇异的且 $A^{-1} \geqslant 0$.

证明 必要性. 首先由 $\rho(M^{-1}N) < 1$ 知 $(I - M^{-1}N)^{-1}$ 存在. 于是, 由 $A = M(I - M^{-1}N)$ 及 M 非奇异得到 A 非奇异且

$$A^{-1} = (I - M^{-1}N)^{-1}M^{-1}.$$

由于 $M^{-1}N \geqslant 0, M^{-1} \geqslant 0$, 故 $A^{-1} \geqslant 0$. 必要性得证.

充分性. 设 $A^{-1} \geqslant 0$, 此时我们有 $M^{-1} = (I - M^{-1}N)A^{-1}$. 往证:

$$(I + M^{-1}N + \cdots + (M^{-1}N)^k)M^{-1}$$
$$= (I - (M^{-1}N)^{k+1})A^{-1}, \quad k = 0, 1, \cdots. \tag{5.24}$$

我们用数学归纳法证明. 记 $B = M^{-1}N$, 则 $(I - B)A^{-1} = M^{-1}$ 或 $A^{-1} - M^{-1} = BA^{-1}$, 即 (5.24) 式对 $k = 0$ 成立. 设

$$(I + B + \cdots + B^k)M^{-1} = (I - B^{k+1})A^{-1},$$

于是

$$(I + B + \cdots + B^k + B^{k+1})M^{-1} = (I - B^{k+1})A^{-1} + B^{k+1}M^{-1}$$
$$= A^{-1} - B^{k+1}(A^{-1} - M^{-1})$$
$$= A^{-1} - B^{k+2}A^{-1} = (I - B^{k+2})A^{-1}.$$

这样我们对任何 $k \geqslant 0$ 都证明了 (5.24) 式成立.

由于 $(M^{-1}N)^{k+1}A^{-1} \geqslant 0$, 故由 k 的任意性, 我们便从 (5.24) 式得到

$$(I + M^{-1}N + \cdots + (M^{-1}N)^k + \cdots)M^{-1} \leqslant A^{-1}.$$

再由 $M^{-1}N \geqslant 0$, $M^{-1} \geqslant 0$ 即得上式左边收敛且有界. 从而 $\rho(M^{-1}N) < 1$.

证毕.   □

特别地, 我们有

定理 5.4.3 设 $A = M - N$ 为 A 的正规分解, 那么当 A 非奇异且 $A^{-1} \geqslant 0$ 时有

$$\rho(M^{-1}N) = \frac{\rho(A^{-1}N)}{1 + \rho(A^{-1}N)} < 1. \tag{5.25}$$

从而迭代 (5.23) 收敛.

证明 注意到 $A = M - N$ 是正规分解意味着 $M^{-1} \geqslant 0$, $N \geqslant 0$ 且 $G \equiv A^{-1}N \geqslant 0$. 对任何 $B \in \mathbb{R}^{n \times n}$, 记

$$\sigma_+(B) = \{\lambda \in \sigma(B) : \lambda \geqslant 0 \text{ 且存在 } x \geqslant 0 \text{ 使 } x \neq 0, Bx = \lambda x\}.$$

由于 $M^{-1}N \geqslant 0$, $G \geqslant 0$, 故由广义 Perron 定理知: $\sigma_+(M^{-1}N) \neq \varnothing$, $\sigma_+(G) \neq \varnothing$ 且

$$\rho(M^{-1}N) = \max\{\lambda : \lambda \in \sigma_+(M^{-1}N)\},$$
$$\rho(G) = \max\{\lambda : \lambda \in \sigma_+(G)\}.$$

往证

$$\sigma_+(M^{-1}N) = \left\{ \frac{\lambda}{\lambda + 1} : \lambda \in \sigma_+(G) \right\}. \tag{5.26}$$

不难知道

$$I + G = A^{-1}M.$$

故 $I + G$ 可逆且 $(I - M^{-1}N)(I + G) = I$, 从而

$$M^{-1}N = (I + G)^{-1}G. \tag{5.27}$$

若 $\lambda \in \sigma_+(G)$, 则存在 $x \geqslant 0$, $x \neq 0$ 时使得 $Gx = \lambda x$ 或

$$(I + G)x = (1 + \lambda)x.$$

这样 $1 + \lambda \neq 0$ 且

$$(I + G)^{-1}Gx = \frac{\lambda}{1 + \lambda}x.$$

故由 (5.27) 式知 $\frac{\lambda}{1 + \lambda} \in \sigma_+(M^{-1}N)$.

若 $\mu \in \sigma_+(M^{-1}N)$, 则存在 $x \geqslant 0$ 且 $x \neq 0$ 时, $M^{-1}Nx = \mu x$. 由 (5.27) 式有

$$Gx = \mu(I + G)x \text{ 且 } \mu \in (0, 1).$$

于是

$$Gx = \frac{\mu}{1 - \mu}x,$$

因此

$$\frac{\mu}{1 - \mu} \in \sigma_+(G),$$

从而证明了 (5.26) 式.

注意到, 当 $t \geqslant 0$ 时, $\frac{t}{1 + t}$ 单调增加. 因此, 我们有

$$\rho(M^{-1}N) = \frac{\rho(G)}{1 + \rho(G)}.$$

最后由命题 5.3.1 我们便知, 迭代 (5.23) 收敛. □

推论 5.4.1 设 A 对称且 $A^{-1} \geqslant 0$. 若 $A - M - N$ 是正规分解且 N 对称, 则

$$\rho(M^{-1}N) \leqslant \frac{\rho(N)\rho(A^{-1})}{1 + \rho(N)\rho(A^{-1})} < 1.$$

证明 由于 $A^{-1} \geqslant 0$, 故 (5.25) 式成立, 即

$$\rho(M^{-1}N) = \frac{\rho(A^{-1}N)}{1 + \rho(A^{-1}N)} < 1.$$

又由于 A^{-1} 和 N 实对称, 故对谱范数 $\|\cdot\|_2$ 来说有

$$\rho(N) = \|N\|_2 \text{ 且 } \rho(A^{-1}) = \|A^{-1}\|_2.$$

这样

$$\rho(A^{-1}N) \leqslant \|A^{-1}N\|_2 \leqslant \|A^{-1}\|_2\|N\|_2 = \rho(A^{-1})\rho(N).$$

再由 (5.25) 式便完成了推论的证明. □

我们还有如下结论, 其证明可参见 [22].

定理 5.4.4 设 $A = M_1 - N_1 = M_2 - N_2$ 是两个正规分解且 $A^{-1} \geqslant 0$. 若 $N_2 \geqslant N_1 \geqslant 0$, 则

$$0 \leqslant \rho(M_1^{-1}N_1) \leqslant \rho(M_2^{-1}N_2) < 1.$$

若 $A^{-1} > 0, N_2 \geqslant N_1 \geqslant 0$ 且 N_1 和 $N_2 - N_1$ 都不是零矩阵, 则

$$0 < \rho(M_1^{-1}N_1) < \rho(M_2^{-1}N_2) < 1.$$

我们指出: 当 M 与 $-N$ 难分主次时, 我们可用 Peaceman-Rachford (皮斯曼 – 拉什福德) 隐式交替方向迭代 (参见 [22] 的第七章).

$$\begin{cases} (\alpha I + M)x_{k-\frac{1}{2}} = (\alpha I + N)x_{k-1} + b, \\ (\alpha I - N)x_k = (\alpha I - M)x_{k-\frac{1}{2}} + b, \end{cases} \quad \alpha > 0 \text{ 为常数},$$

或

$$x_k = (\alpha I - N)^{-1}(\alpha I - M)(\alpha I + M)^{-1}(\alpha I + N)x_{k-1} +$$

$$(\alpha I - N)^{-1}b + (\alpha I - N)^{-1}(\alpha I - M)(\alpha I + M)^{-1}b.$$

5.5　Ritz-Galerkin 原理与 Krylov 子空间方法

设 $A \in \mathbb{R}^{n \times n}, b \in \mathbb{R}^n$. 容易知道: $x \in \mathbb{R}^n$ 满足

$$Ax = b \tag{5.28}$$

等价于 $x \in \mathbb{R}^n$ 满足

$$(Ax - b, y) = 0, \quad \forall y \in \mathbb{R}^n. \tag{5.29}$$

这就是所谓的 **Galerkin 原理**.

我们称

$$\phi(y) = \frac{1}{2}(Ay, y) - (y, b)$$

为相应问题的**能量泛函**. 当 A 对称正定时, $x \in \mathbb{R}^n$ 满足方程 (5.29) 又
等价于

$$x = \arg\min\{\phi(y) : y \in \mathbb{R}^n\} \tag{5.30}$$

或 $x \in \mathbb{R}^n$ 满足

$$\phi(x) = \min_{y \in \mathbb{R}^n} \phi(y).$$

这就是所谓的**变分原理**或 **Ritz 原理**.

为了找到能量泛函 ϕ 的极小点 x, 我们可从一近似点 x_{k-1} 出发, 沿
着某方向 v 线搜索到下一个近似点 x_k:

$$x_k = \arg\min\{\phi(x_{k-1} + \alpha v) : \alpha \in \mathbb{R}\}.$$

若记 $f(\alpha) = \phi(x_{k-1} + \alpha v)$, $r_{k-1} = b - Ax_{k-1}$, 则

$$f(\alpha) = \frac{\alpha^2}{2}(v, Av) - \alpha(r_{k-1}, v) + \phi(x_{k-1}),$$

且由

$$f'(\alpha) = \alpha(v, Av) - (r_{k-1}, v) = 0$$

确定的 α_k, 即

$$\alpha_k = \frac{(r_{k-1}, v)}{(v, Av)}$$

满足

$$x_k = x_{k-1} + \alpha_k v. \tag{5.31}$$

于是, 由

$$\phi(x_k) - \phi(x_{k-1}) = \frac{\alpha_k^2}{2}(v, Av) - \alpha_k(r_{k-1}, v) = -\frac{(r_{k-1}, v)^2}{2(v, Av)}$$

知, 当 $(r_{k-1}, v) \neq 0$ 时, 便有

$$\phi(x_k) < \phi(x_{k-1}).$$

如何选择 v 呢? 要使 $(r_{k-1}, v) \neq 0$, 一很自然的取法便是 $v = r_{k-1}$. 另一方面, 由多元微积分知识可知, $\phi(y)$ 在 x_{k-1} 处下降最快的方向是在这点的负梯度方向, 即

$$-\mathbf{grad}\ \phi(y)|_{y=x_{k-1}} = b - Ax_{k-1} = r_{k-1}.$$

因此, 我们可取 $v = r_{k-1}$ 并得到如下的最速下降法 (steepest descent algorithm):

算法 5.5.1 (1) 给定 $x_0 \in \mathbb{R}^n$, 置 $r_0 = b - Ax_0$;

(2) 对 $k = 1, 2, \cdots$, 计算

$$r_{k-1} = b - Ax_{k-1},$$

$$\alpha_k = \frac{(r_{k-1}, r_{k-1})}{(Ar_{k-1}, r_{k-1})}, \quad k = 1, 2, \cdots,$$

$$x_k = x_{k-1} + \alpha_k r_{k-1}, \quad k = 1, 2, \cdots.$$

最速下降法的收敛性分析需要如下的结论.

引理 5.5.1 设 $A \in \mathbb{R}^{n \times n}$ 对称正定且 $\sigma(A) = \{\lambda_1, \lambda_2, \cdots, \lambda_n\}$. 若 $q(t)$ 是多项式, 则

$$\|q(A)x\|_A \leqslant \max_{1 \leqslant j \leqslant n} |q(\lambda_j)| \|x\|_A, \quad \forall x \in \mathbb{R}^n$$

或

$$\|q(A)x\|_A \leqslant \max_{\lambda \in \sigma(A)} |q(\lambda)| \|x\|_A, \quad \forall x \in \mathbb{R}^n,$$

其中 $\|\cdot\|_A^2 = (\cdot, A\cdot) \equiv (\cdot, \cdot)_A$, 从而

$$\|q(A)x\|_A \leqslant \rho(q(A))\|x\|_A, \ \forall x \in \mathbb{R}^n.$$

定理 5.5.1 设 A 是对称正定矩阵, $\lambda_{\max}, \lambda_{\min}$ 分别为 A 的最大与最小特征值. 那么由最速下降法得到的 x_k 有如下收敛性估计:

$$\|x_k - x\|_A \leqslant \left(\frac{\lambda_{\max} - \lambda_{\min}}{\lambda_{\max} + \lambda_{\min}} \right)^k \|x - x_0\|_A \qquad (5.32)$$

或

$$\|x_k - x\|_A \leqslant \left(\frac{\kappa(A) - 1}{\kappa(A) + 1} \right)^k \|x - x_0\|_A,$$

其中 $\|\cdot\|_A^2 = (\cdot, A\cdot) \equiv (\cdot, \cdot)_A$, 而 $k(A)$ 为 A 的谱条件数 $\dfrac{\lambda_{\max}}{\lambda_{\min}}$.

证明 由 α_k 定义不难知道 $\alpha_k r_{k-1}$ 是 $x - x_{k-1}$ 在 $\mathrm{span}\{r_{k-1}\}$ 上的投影, 即

$$(x - x_{k-1} - \alpha_k r_{k-1}, r_{k-1})_A = 0$$

或

$$\alpha_k = \arg\min\{\|x - x_{k-1} - \alpha r_{k-1}\|_A : \alpha \in \mathbb{R}\}.$$

于是[1]

$$\|x - x_k\|_A = \|x - x_{k-1} - \alpha_k r_{k-1}\|_A$$

---

[1] 我们也可从

$$\phi(x_k) \leqslant \phi(x_{k-1} + \alpha r_{k-1}), \quad \alpha \in \mathbb{R}$$

和

$$\|y - x\|_A^2 = 2\phi(y) + \|x\|_A^2$$

得到

$$\|x - x_k\|_A \leqslant \|x - x_{k-1} - \alpha r_{k-1}\|_A, \quad \alpha \in \mathbb{R}.$$

$$= \|(I - \alpha_k A)(x - x_{k-1})\|_A$$

$$= \min_{\alpha \in \mathbb{R}} \|(I - \alpha A)(x - x_{k-1})\|_A.$$

由引理 5.5.1 有

$$\|x - x_k\|_A \leqslant \min_{\alpha \in \mathbb{R}} \rho(I - \alpha A)\|(x - x_{k-1})\|_A.$$

最后利用

$$\min_{\alpha \in \mathbb{R}} \rho(I - \alpha A) = \frac{\kappa(A) - 1}{\kappa(A) + 1} \tag{5.33}$$

即完成了定理证明.   □

以上定理证明启发我们可以考虑如下极值问题[①]: 求 $x_k \in \mathbb{R}^n$ 满足

$$x - x_k = \prod_{j=1}^k (I - t_j^* A)(x - x_0), \tag{5.34}$$

其中 $x_0 \in \mathbb{R}^n$ 且

$$(t_1^*, t_2^*, \cdots, t_n^*) = \arg\min \left\{ \left\| \prod_{j=1}^k (I - t_j A)(x - x_0) \right\|_A : \right.$$

$$\left. t_j \in \mathbb{R}, j = 1, 2, \cdots, k \right\}.$$

注意到, 由 (5.34) 式, 此时应有

$$\|x - x_k\|_A = \min\{\|q(A)(x - x_0)\|_A :$$

$$q \in \mathbb{P}_k, q(0) = 1, q(t) = 0 \text{ 的根都是实的}\}.$$

最速下降法理论上是收敛的. 但当 $\frac{\lambda_{\max}}{\lambda_{\min}} \gg 1$ 时, 其收敛因子 ≈ 1, 这意味着收敛相当慢. 另一方面, 残量 r_{k-1} 是 x_{k-1} 处 $\phi(y)$ 的最速下降方向. 但当 r_{k-1} 很小时, 由于舍入误差的影响, 实际计算得到 r_{k-1} 会

①如果以范数 $\|\cdot\|_2$ 代替范数 $\|\cdot\|_A$, 那就是 Chebyshev 加速/迭代方法.

偏离最速下降方向, 使得计算显示出数值不稳定性. 因此, 实际计算中很少直接应用这种方法. 但重要的是, 其基本思想却是发展各种算法的出发点.

下面我们介绍、分析子空间方法, 特别是共轭梯度方法 (conjugate gradient algorithm). 事实表明: 负梯度方向局部地来看是最佳下降方向, 但从整体来看并非最佳. 共轭梯度法则是在负梯度方向与上一下降方向所在的超平面上找最佳下降方向.

如果我们在 $\mathbb{R}^n$ 中取 k 个线性无关的向量 $p_1, p_2, \cdots, p_k$, 并寻找 $x_k \in \mathbb{R}^n$ 使得

$$\phi(x_k) = \min\{\phi(y) : y \in \mathrm{span}\{p_1, p_2, \cdots, p_k\}\},$$

那么显然 $x_n = x$. 以下介绍的子空间方法便是构造子空间 $\mathrm{span}\{p_1, p_2, \cdots, p_k\}$ 与选择正交基 $p_1, p_2, \cdots, p_k$ 的方法.

子空间

$$\mathcal{K}_0 = \{0\}, \ \mathcal{K}_k = \mathcal{K}_k(A, b) = \mathrm{span}\{b, Ab, \cdots, A^{k-1}b\}, \quad k = 1, 2, \cdots$$

是一类重要的子空间, 称为 **Krylov (克雷洛夫) 子空间**.

定理 5.5.2 (Cayley-Hamilton (凯莱 – 哈密顿) 定理) 若 $A \in \mathbb{R}^n$ 可逆, 则存在 $n-1$ 次多项式 $q_{n-1}(t)$ 满足

$$A^{-1} = q_{n-1}(A),$$

且方程组 (5.28) 的解

$$x = A^{-1}b \in \mathcal{K}_n(A, b).$$

证明 对于 A 的特征多项式

$$P_A(t) = t^n + a_{n-1}t^{n-1} + \cdots + a_1 t + a_0,$$

我们有 $P_A(A) = 0$①, 即

$$A^n + a_{n-1}A^{n-1} + \cdots + a_1 A + a_0 I = 0.$$

注意到 A 可逆意味着 $a_0 \neq 0$. 于是, $A^{-1} = q_{n-1}(A)$ 且 $x = A^{-1}b \in \mathcal{K}_{n-1}(A, b)$, 这里

$$q_{n-1}(t) = -(t^{n-1} + a_{n-1}t^{n-2} + \cdots + a_1)/a_0.$$

这就完成了定理之证明.   □

不难看出, $\mathcal{K}_n(A, b)$ 中有效的基可以使得解 $x = A^{-1}b$ 又快又好地得到. 因此, 如何构造 $\mathbb{R}^n$ 或 $\mathcal{K}_n(A, b)$ 中合适的线性无关的向量组 $p_1, p_2, \cdots, p_n$ 变得至关重要. 以下的共轭梯度法提供了一种构造在 $(\cdot, A\cdot)$ 下正交的并且合适的向量组 $p_1, p_2, \cdots, p_n$ 以及极小化序列 $x_1, x_2, \cdots, x_n$ 的算法:

算法 5.5.2 设 $x_0 \in \mathbb{R}^n$.
对 $k = 1, 2, \cdots, n, r_{k-1} = b - Ax_{k-1}$.
若 $r_{k-1} = 0$, 则 $x = x_{k-1}$ 停止.
否则, 若 $k = 1$, 则 $p_1 = r_0$; 否则选取 $p_k \in \mathcal{K}_k(A, r_0)$ 满足

$$(p_i, Ap_k) = 0, \quad i = 1, 2, \cdots, k-1,$$

$$\alpha_k = \frac{(r_{k-1}, p_k)}{(p_k, Ap_k)},$$

$$x_k = x_{k-1} + \alpha_k p_k,$$

$$x_n = x.$$

若线搜索方向 p_k 把最速下降方向 r_k 和上一步信息搜索方向 p_{k-1} 考虑进来, 则我们得到如下等价的共轭梯度法:

---

① 也有文献称 $P_A(A) = 0$ 为 Cayley-Hamilton 定理. 其证明参见 [12] 中的定理 2.4.2 之证明.

算法 5.5.3 设 $x_0 \in \mathbb{R}^n$.

对 $k = 1, 2, \cdots, n, r_{k-1} = b - Ax_{k-1}$.

若 $r_{k-1} = 0$, 则 $x = x_{k-1}$ 停止.

否则, 若 $k = 1$, 则 $p_1 = r_0$; 否则

$$\beta_k = -\frac{(p_{k-1}, Ar_{k-1})}{(p_{k-1}, Ap_{k-1})}, \quad k = 2, 3, \cdots, n,$$

$$p_k = r_{k-1} + \beta_k p_{k-1}, \quad k = 2, 3, \cdots, n,$$

$$\alpha_k = \frac{(r_{k-1}, p_k)}{(p_k, Ap_k)},$$

$$x_k = x_{k-1} + \alpha_k p_k,$$

$$x_n = x.$$

由于 $x_n = x$, 故共轭梯度法也是一种直接法. 利用数学归纳法我们得到

定理 5.5.3 在共轭梯度法中有

$$(r_i, r_j) = 0, \quad i \neq j, i, j = 0, 1, 2, \cdots, k-1,$$

且

$$\mathrm{span}\{r_0, r_1, r_2, \cdots, r_{k-1}\} = \mathrm{span}\{p_1, p_2, \cdots, p_k\}$$

$$= \mathcal{K}_k(A, r_0), \quad k = 1, 2, \cdots, n,$$

其中 $r_0 = b - Ax_0$, $p_1 = r_0$.

定理 5.5.4 若 A 是对称正定矩阵, 则由共轭梯度法得到的 x_k 满足

$$\|x - x_k\|_A = \min_{q \in \mathbb{P}_k, q(0)=1} \|q(A)(x - x_0)\|_A, \tag{5.35}$$

$$\|x - x_k\|_A \leqslant \min_{q \in \mathbb{P}_k, q(0)=1} \max_{\lambda \in \sigma(A)} |q(\lambda)| \|x - x_0\|_A. \tag{5.36}$$

证明　由定义, 存在正整数 m 满足 $1 \leqslant m \leqslant n,$

$$x = x_m = x_0 + \sum_{j=1}^{m} \alpha_j p_j,$$

以及

$$x_k = x_0 + \sum_{j=1}^{k} \alpha_j p_j, \quad k = 1, 2, \cdots, m.$$

于是, 利用 α_j 和 p_j 的性质即有

$$x_k = x_0 + Q_k(x - x_0),$$

其中 $Q_k : \mathbb{R}^n \to \mathcal{K}_k(A, r_0)$ 满足

$$(y - Q_k y, z)_A = 0, \quad \forall y \in \mathbb{R}^n, \ \forall z \in \mathcal{K}_k(A, r_0).$$

从而

$$x_k = \arg\min\{\|y - x\|_A : y \in x_0 + \mathcal{K}_k(A, r_0)\}. \tag{5.37}$$

不难知道, 存在 $\beta_j \in \mathbb{R}(j = 0, 1, 2, \cdots, k-1)$ 使得

$$x - x_k = x - x_0 + \sum_{j=0}^{k-1} \beta_j A^j r_0 = x - x_0 + \sum_{j=1}^{k} \beta_{j-1} A^j (x - x_0).$$

若记

$$q_k(t) = 1 + \sum_{j=1}^{k} \beta_{j-1} t^j,$$

则我们有 $q_k(0) = 1$ 且

$$x - x_k = q_k(A)(x - x_0).$$

由引理 5.5.1 有

$$\|q_k(A)\| \equiv \max_{y \in \mathbb{R}^n} \frac{\|q_k(A)y\|_A}{\|y\|_A} = \rho(q_k(A)) = \max_{\lambda \in \sigma(A)} |q_k(\lambda)|.$$

这就完成了定理的证明. □

由 (5.37) 式以及

$$\|y - x\|_A^2 = 2\phi(y) + \|x\|_A^2,$$

我们即得到

推论 5.5.1 若 A 是对称正定矩阵, 则由共轭梯度法得到的 x_k 为

$$x_k = \arg\min\{\phi(y) : y \in x_0 + \mathcal{K}_k(A, r_0)\}. \tag{5.38}$$

在下面的收敛性讨论中, 我们需要如下结论 [6]:

引理 5.5.2 设 $-\infty < \alpha < \beta < \infty$, 则

$$\tilde{q}_k(t) \equiv \frac{C_k((\beta + \alpha - 2t)/(\beta - \alpha))}{C_k((\beta + \alpha)/(\beta - \alpha))} = \arg\min_{q \in \mathbb{P}_k, q(0)=1} \max_{t \in [\alpha,\beta]} |q(t)|,$$

其中 $C_k(t)$ 是 k 阶 Chebyshev 多项式:

$$C_k(t) = \begin{cases} \cos(k\arccos t), & |t| \leqslant 1, \\ \cosh(k\,\mathrm{arcosh}\,t), & |t| > 1. \end{cases}$$

定理 5.5.5 若 A 是对称正定矩阵, 则由共轭梯度法得到的 x_k 满足

$$\|x_k - x\|_A \leqslant 2 \left(\frac{\sqrt{\lambda_{\max}} - \sqrt{\lambda_{\min}}}{\sqrt{\lambda_{\max}} + \sqrt{\lambda_{\min}}} \right)^k \|x_0 - x\|_A \tag{5.39}$$

或

$$\|x_k - x\|_A \leqslant 2 \left(\frac{\sqrt{\kappa(A)} - 1}{\sqrt{\kappa(A)} + 1} \right)^k \|x_0 - x\|_A.$$

证明 置 $\alpha = \lambda_{\min}$, $\beta = \lambda_{\max}$. 不难知道, 由引理 5.5.2 定义的 $\tilde{q}_k(t)$ 满足 $\tilde{q}_k(0) = 1$. 注意到, 当 $t \in [\alpha, \beta]$ 时

$$\left| \frac{\beta + \alpha - 2t}{\beta - \alpha} \right| \leqslant 1.$$

我们从引理 5.5.2 便知

$$\min_{q\in\mathbb{P}_k,q(0)=1}\max_{\lambda\in\sigma(A)}|q(\lambda)|\leqslant\left(C_k\left(\frac{\beta+\alpha}{\beta-\alpha}\right)\right)^{-1}.$$

若记

$$e^\mu=\frac{\sqrt{\kappa(A)}+1}{\sqrt{\kappa(A)}-1},$$

则

$$C_k\left(\frac{\beta+\alpha}{\beta-\alpha}\right)=\frac{e^{k\mu}+e^{-k\mu}}{2}\geqslant\frac{e^{k\mu}}{2}=\frac{1}{2}\left(\frac{\sqrt{\kappa(A)}+1}{\sqrt{\kappa(A)}-1}\right)^k.$$

这就完成了定理证明.   □

当 $\kappa(A)\gg1$ 时, 共轭梯度法收敛速度很慢. 但是我们知道当 B 越接近 A^{-1} 时, BA 越接近单位矩阵, 从而 $\kappa(BA)$ 接近 1. 因此, 我们应该找尽可能地接近 A^{-1} 的矩阵 B, 并转为考虑容易求解的方程组

$$BAx=Bb$$

的求解.

当 $B=CC^{\mathrm{T}}$ 时, 上述方程组变为

$$\tilde{A}\tilde{x}=\tilde{b},\tag{5.40}$$

其中 $\tilde{x}=C^{-1}x$, $\tilde{b}=C^{\mathrm{T}}b$, 而 $\tilde{A}=C^{\mathrm{T}}AC$. 将共轭梯度法应用于方程组 (5.40), 之后通过 $x=C\tilde{x}$ 即可得到原问题近似解. 此时算法称为**预条件共轭梯度法**.

以上讨论的是利用变分原理建立对称问题的最速下降法和共轭梯度法. 注意到, 当 A 对称正定时, (5.35) 式可以改写为

$$\|A(x-x_k)\|_{A^{-1}}=\min_{q\in\mathbb{P}_k,q(0)=1}\|q(A)A(x-x_0)\|_{A^{-1}},\tag{5.41}$$

或

$$\|b - Ax_k\|_{A^{-1}} = \min_{q \in \mathbb{P}_k, q(0)=1} \|q(A)(b - Ax_0)\|_{A^{-1}}. \qquad (5.42)$$

由于范数 $\|\cdot\|_{A^{-1}}$ 比较 "复杂", 故我们自然会考虑如下 "简单" 的极小问题:

$$\|A(x - x_k)\|_2 = \min_{q \in \mathbb{P}_k, q(0)=1} \|q(A)A(x - x_0)\|_2, \qquad (5.43)$$

或

$$\|b - Ax_k\|_2 = \min_{q \in \mathbb{P}_k, q(0)=1} \|q(A)(b - Ax_0)\|_2. \qquad (5.44)$$

事实上, 我们将要讨论的由非对称问题的 Galerkin 原理导出的 Arnoldi (阿诺尔迪) 算法和 GMRES 算法就是计算上述极小问题 (5.43) 或 (5.44) 的有效算法. 给定初始 $x_0 \in \mathbb{R}^n$, 令 $x = x_0 + z$, 则方程组 (5.28) 变成

$$Az = r_0 \equiv b - Ax_0. \qquad (5.45)$$

这样方程组 (5.28) 的求解就转为方程组 (5.45) 的求解. 设 K_k, L_k 均为 $\mathbb{R}^n$ 中的两 k 维子空间, 其中

$$K_k = \mathrm{span}\{v_i : i = 1, 2, \cdots, k\},$$
$$L_k = \mathrm{span}\{w_i : i = 1, 2, \cdots, k\},$$

分别称为试探 (trail) 空间和检验 (test) 空间.

方程组 (5.45) 的近似求解为: 找 $z_k \in K_k$ 使得 $r_0 - Az_k$ 和 L_k 正交, 即

$$(r_0 - Az_k, v) = 0, \quad \forall v \in L_k. \qquad (5.46)$$

记 V_k 为由列向量 $v_1, v_2, \cdots, v_k$ 构成的矩阵 $V_k = (v_1, v_2, \cdots, v_k)$, W_k 为由列向量 $w_1, w_2, \cdots, w_k$ 构成的矩阵 $W_k = (w_1, w_2, \cdots, w_k)$. 对任何 $z_k \in K_k$, 均存在 $y_k \in \mathbb{R}^n$ 使得 $z_k = V_k y_k$. 于是, (5.46) 式等价于

$$(r_0 - AV_k y_k, v) = 0, \quad \forall v \in L_k$$

或

$$W_k^{\mathrm{T}} A V_k y_k = W_k^{\mathrm{T}} r_0. \tag{5.47}$$

从而, 当 $W_k^{\mathrm{T}} A V_k$ 非奇异时, 方程组 (5.47) 有解

$$y_k = (W_k^{\mathrm{T}} A V_k)^{-1} W_k^{\mathrm{T}} r_0.$$

但是在不少情况下, $W_k^{\mathrm{T}} A V_k$ 奇异. 这样, 如何有效地求解方程组 (5.45) 的关键在于: 选择合适的 K_k (即 $\mathrm{span}\{v_i : i = 1, 2, \cdots, k\}$) 及 L_k (即 $\mathrm{span}\{w_i : i = 1, 2, \cdots, k\}$), 使得在某种范数下 $\|z_k - z\|$ 最小. 通常当 $K_k = L_k$ 时, 称为 Galerkin 方法; 而当 $K_k \neq L_k$ 时, 称为 Petrov-Galerkin (彼德罗夫 – 伽辽金) 方法.

定义 5.5.1 若 $K_k = L_k = \mathrm{span}\{r_0, Ar_0, \cdots, A^{k-1}r_0\}$, 则称此时的 Galerkin 方法为 **Arnoldi 算法**: 寻找 K_k 的一标准正交基 $\{v_1, v_2, \cdots, v_k\}$.

注记 5.5.1 由 Arnoldi 算法得到的 V_k 使得矩阵

$$H_k = V_k^{\mathrm{T}} A V_k$$

为一个上 Hessenberg (黑森伯格) 矩阵

$$\begin{pmatrix} * & * & * & \cdots & * & * \\ * & * & * & \cdots & * & * \\ 0 & * & * & \cdots & * & * \\ \vdots & \vdots & \vdots & & \vdots & \vdots \\ 0 & 0 & 0 & \cdots & * & * \end{pmatrix}.$$

如果 H_k 为奇异矩阵, 那么称**算法恶性中断**. 对于 Arnoldi 算法来说, 无法事先知道什么时候发生恶性中断, 因为其收敛性对一般矩阵也无法得到证明. 尽管如此, 很多实际计算中, Arnoldi 算法很有效.

定义 5.5.2　A 对称时的 Arnoldi 算法称为 **Lanczos (兰乔斯) 算法**.

由于 Arnoldi 算法的中断问题难以解决, 而且理论上很难分析, 故人们转而探索另外的 Galerkin 算法, 如 Petrov-Galerkin 算法. 注意到, 共轭梯度法是在 Krylov 子空间中寻找关于 $(\cdot, A\cdot)$ 的正交基. 因此, 我们在考虑方程组 (5.45) 的求解中取

$$K_k = \operatorname{span}\{r_0, Ar_0, \cdots, A^{k-1}r_0\},$$
$$L_k = \{Ar_0, A^2r_0, \cdots, A^kr_0\} = AK_k.$$

不难证明, 我们有

定理 5.5.6　若 $K_k = \mathcal{K}_k(A, r_0)$, $L_k = AK_k$, $r_0 = b - Ax_0$, 则 (5.46) 式所得到的 z_k 满足

$$\|r_0 - Az_k\|_2 = \min\{\|r_0 - Ay\|_2 : y \in \mathcal{K}_k(A, r_0)\} \tag{5.48}$$

或

$$\|r_k\|_2 = \min_{q \in \mathbb{P}_k, q(0)=1} \|q(A)r_0\|_2,$$

即 (5.46) 式等价于最小二乘问题, 从而对 $x_k = x_0 + z_k$ 有

$$\|A(x - x_k)\|_2 = \min_{q \in \mathbb{P}_k, q(0)=1} \|q(A)A(x - x_0)\|_2.$$

基于 Arnoldi 算法求出 $\mathcal{K}_k(A, r_0)$ 的标准正交基后再求解 (5.48) 式的算法叫做广义极小残余算法 (generalized minimal residual algorithm), 这是当前求解大型稀疏非对称线性方程组的主要工具.

问　　题

1. 试证明定理 5.1.1.

2. 试证明:

(1) 矩阵的 Frobenius 范数不是算子范数.

(2) 矩阵的任何算子范数 $\|\cdot\|$ 均满足 $\|I\| = 1$.

3. 试证明定理 5.1.3.

4. 试证明: 若 $A \geqslant 0$ 且 $\rho(A) < 1$, 则 $(I - A)^{-1} \geqslant 0$.

5. 当 A 是下 (或上) 三角形矩阵即 $a_{ij} = 0, j > i$ (或 $a_{ij} = 0, j < i$) 时, 试设计求解方程组 (5.3) 计算量为 n^2 的算法.

6. 试证明 (5.6) 式中 L 为单位下三角形矩阵.

7. A 的所有顺序主子阵非奇异当且仅当 $a_{ii}^{(j)} \neq 0$ $(i = 2, 3, \cdots, n; j = 0, 1, 2, \cdots, n-1)$, 这里 $a_{ii}^{(j)} (i = 2, 3, \cdots, n; j = 0, 1, 2, \cdots, n-1)$ 为定理 5.2.1 证明中所定义, 且 $a_{11}^{(0)} = a_{11}$.

8. 试给出定理 5.2.1 证明中的 LU 分解的计算量.

9. 如何利用交替迭代思想构造有效的算法?

10. 设 $A \in \mathbb{R}^{n \times n}$ 对称正定. 试证明相应的 Galerkin 原理和 Ritz 原理等价.

11. 试证明引理 5.5.1.

12. 设 $A \in \mathbb{R}^{n \times n}$ 对称正定. 试证明 (5.33) 式.

13. 设 $A \in \mathbb{R}^{n \times n}$ 对称正定. 能否设计 (5.34) 式的算法?

14. 设 $A \in \mathbb{R}^{n \times n}$ 对称正定, $b \in \mathbb{R}^n$. 试分析 Krylov 子空间 $\mathcal{K}_k(A, b)$ $(k = 1, 2, \cdots, n)$ 的维数.

15. 试证明定理 5.5.3.

16. 设 $A \in \mathbb{R}^{n \times n}$ 对称正定, $b \in \mathbb{R}^n$. 试问: 共轭梯度法最多经过多少次迭代就能得到 $Ax = b$ 的精确解 $x = A^{-1}b$?

17. 为什么由 Krylov 子空间导出的迭代法通常都有效?

18. 设 $A \in \mathbb{R}^{n \times n}$ 对称正定, $x \in \mathbb{R}^n$. 给定 $f \in \mathbb{P}_p, 1 \leqslant p \leqslant n$. 试设计快速算法计算 $f(A)x$.

19. 迭代法产生的迭代序列是一离散动力系统. 试在连续动力系统之离散的框架下审视典型的迭代法.

第六章 非线性系统的迭代法

非线性 (的离散模型) 问题常常需要通过非线性迭代进行求解. 本章将讨论典型非线性问题的非线性系统迭代法及其有关性质. 上一章定理 5.3.2 表明, 线性系统迭代行为复杂, 这意味着非线性迭代的稳定性与收敛性会更为复杂.

6.1 确定性系统的统计性

为讨论方便, 我们首先引进离散动力系统一些标准术语. 设 $X \subset \mathbb{R}^n$ 非空.

定义 6.1.1 若 $S(x) = x$, 则称点 $x \in X$ 为映射 $S : X \longrightarrow X$ 的**不动点**. 若存在整数 k 使得 S 的第 k 次迭代点 $S^k(x)$ 是 S 的一个不动点, 则称 $x \in X$ 为 S 的一个**终结不动点**. 若 $S^k(x) = x$ 且 $x, S(x), \cdots, S^{k-1}(x)$ 互不相同, 则称 x 为 S 的**一个具有周期为 k 的周期点**. 若 x 具有周期 k, 则称序列

$$x, S(x), \cdots, S^{k-1}(x), \cdots$$

为一个 k-**循环**. 一般地, 对于 S 的定义域 X 上的任何 x, 称无穷序列

$$x, S(x), \cdots, S^k(x), \cdots$$

为 x 的一个**轨道**.

关于 k 周期点, 我们可进一步分类.

定义 6.1.2 设 x 是 S 的一个 k 周期点. 若 $|(S^k)'(x)| < 1$, 则称该周期轨道是**吸引**的. 如果 $|(S^k)'(x)| > 1$, 那么称该周期轨道是**排斥**的. 而 $|(S^k)'(x)| \neq 1$ 时的周期轨道称为**双曲的周期轨道**.

注记 6.1.1 吸引 (排斥) 的周期轨道总是把它周围的邻近点吸引向自己 (排斥远离自己, 当然除了 k 周期排斥轨道本身之外).

考虑非线性映射 S:

$$S_r(x) = rx(1-x), \quad x \in [0,1], r > 0 \tag{6.1}$$

(此为人口动力学模型——Logistic (逻辑斯谛) 模型) 以及相应的离散动力系统

$$\begin{cases} x_k = S_r(x_{k-1}), \quad k = 1, 2, \cdots, \\ x_0 \ \text{给定}, \end{cases}$$

其中 x_k 表示相对于环境所容许的最大数目的该有机体第 k 代的相对数量 (这里相对最大容量为 1).

对于这个离散动力系统, 我们有如下结果:

(1) 当 $0 < r < 1$ 时, 对任何 $x_0, x_k \longrightarrow 0$.

(2) 当 $1 < r \leqslant 2$ 时, S_r 有两个不动点 $\{0, \tilde{r}\}$, 其中 0 为排斥的, $\tilde{r} \equiv \dfrac{r-1}{r}$ 为吸引的: 对任何 $x \in (0, \tilde{r})$, $S_r^n(x)$ 单调增加地趋于 $\tilde{r}$; 而当 $x \in (\tilde{r}, 1/2)$, $S_r^n(x)$ 单调下降地趋于 $\tilde{r}$; 又当 $x \in (1/2, 1)$, $S_r(x) \in (0, 1/2)$, 因而 $S_r^n(x)$ 收敛于 $\tilde{r}$. 总之, 对任何 $x \in (0, 1)$, 都有 $S_r^n(x) \longrightarrow \tilde{r}$.

(3) 当 $2 < r \leqslant 3$ 时, 若 $x \in (0, 1)$, 则 $S_r^n(x)$ 收敛于 $\tilde{r}$; 而当 $x \in \{0, 1\}$, 显然有 $S_r^n(x) = 0$.

(4) 当 $3 < r \leqslant 4$ 时, 存在 $r_n : r_1 = 3, r_2 = 1 + \sqrt{6}, r_3, \cdots, r_n, \cdots$ 使得 $r \in [r_{n-1}, r_n]$. 这样, S_r 有两个排斥不动点, 且对每一个 $k = 1, 2, \cdots, n-1$, 有一个排斥 2^k-循环和一个吸引 2^n-循环.

注意到

$$\lim_{n \to \infty} r_n = r_\infty = 3.569\,946 \cdots,$$

而

$$d_\infty = \lim_{n \to \infty} \frac{r_n - r_{n-1}}{r_{n+1} - r_n} = 4.669\,202 \cdots.$$

这两个常数都称为 Feigenbaum (法伊根鲍姆) 数. 总之, 当 $0 < r < r_\infty$ 时, 任何 $x \in [0, 1]$, 或是周期点, 或是终结周期点, 从而 S_r 的动力系统的确定性是正规的, 或每一个点的轨道的最终性态可以预测.

注记 6.1.2 Feigenbaum 数 d_∞ 是通用常数. 许多像 Logistic 模型那样的单峰映射族, 其分歧点以如此正规的方式出现使得相邻分歧点距离之比序列趋于同一常数 d_∞.

但当 $r > r_\infty$ 时, 情况就不简单了. 例如, 当 $3.829 \leqslant r \leqslant 3.840$ 时, S_r 有周期为 3 的点. 相应的迭代变得复杂. 事实上, 对于具有周期为 3 的映射, 我们有如下深刻的结论[1].

定理 6.1.1 如果 $S : [0, 1] \longrightarrow [0, 1]$ 有一个周期为 3 的点, 那么对任何自然数 k, S 有周期为 k 的点. 更进一步, 存在不可数集合 $\Lambda \subset [0, 1]$, 此集合不包含 S 的任何周期点且满足:

(1) 对任何 $x, y \in \Lambda, x \neq y$, 有

$$\overline{\lim_{n \to \infty}} |S^n(x) - S^n(y)| > 0, \quad \lim_{n \to \infty} |S^n(x) - S^n(y)| = 0;$$

---

[1] LI T Y, YORKE J A. Period three implies chaos. Amer. Math. Monthly, 1975, 82: 985-992.

(2) 对任何 $x \in \Lambda$ 及每一个周期点 $p \in [0,1]$, 有

$$\overline{\lim_{n \to \infty}} |S^n(x) - S^n(p)| > 0.$$

这样, 当 $3.829 \leqslant r \leqslant 3.840$ 时, S_r 的迭代点是混沌的, 即其最终性态不可预测. 混沌的本质: 关于初始条件极度敏感, 动力系统迭代轨道的最终走向无法预测.

(5) 当 $r = 4$ 时, 对任何 $x_0 \in (0,1)$, 若 x_0 不是其周期点, 则其轨道 $\{x_n : x_n = S_4^n x_0\}$ 的极限集是整个区间 $[0,1]$, 即对任何 $x \in [0,1]$, 存在 $\{x_{n_k}\} \subset \{x_n\}$, 使得

$$\lim_{k \to \infty} x_{n_k} = x.$$

(6) 当 $r > 4$ 时就更复杂了. 当 $r > 4$ 时, 该离散动力系统对初值敏感: 若 $x_n = S_r^n(x_0)$, 则对任何 $\delta > 0$ 及 $x \in [0,1]$ 的任何小的邻域 U, 存在 $y \in U, n > 0$ 使得

$$|S_r^n(x) - S_r^n(y)| > \delta.$$

亦即差之毫厘, 失之千里.

上述事实表明: 在普通的 Euclid 度量下, 确定性意义下的动力系统其轨道之最终性态显示出不可预测性, 即从有序到无序. 然而, 在别的度量 (如概率测度) 或统计意义下, 确定性意义下的一个混沌系统并非如此, 它具有某种正规性, 即无序中有序.

事实上, 在物理测量中, 我们常常考虑某个物理量的概率分布. 给定一个动力系统 $S : X \longrightarrow X$, 其中 X 为相空间. 对任何 $A \subset X$, 我们不再考虑个别轨道的确定性质 (通常考虑个别轨道的确定性质没有意义), 而是通过观察这些轨道中的点落入集合 A 中的频率来考虑它们的概率性质.

定义 6.1.3 起始于 $x \in [0,1]$ 的轨道落于 A 中的频率或时间平均由式

$$\lim_{n\to\infty} \frac{1}{n} \sum_{k=0}^{n-1} \chi_A(S^k(x)) \tag{6.2}$$

给出, 其中

$$\chi_A(x) = \begin{cases} 1, & \text{若 } x \in A, \\ 0, & \text{若 } x \notin A. \end{cases}$$

如果 (6.2) 式的极限存在的话, 那么这个极限值就度量了此轨道怎样频繁地落入 A. 经典的遍历理论就是处理关于这个时间平均的存在性, 与相关量的关系以及其他方面的问题. 这些理论始于统计力学中的 Boltzmann 遍历假设. Boltzmann 遍历假设本质上是指: (6.2) 式表示的 "时间平均" 应该等于 A 的 "空间平均", 即

$$\lim_{n\to\infty} \frac{1}{n} \sum_{k=0}^{n-1} \chi_A(S^k(x_0)) = \mu(A). \tag{6.3}$$

定义 6.1.4 如果相空间 $[0,1]$ 上的有限正测度 μ 对任何可测子集 A 均有

$$\mu(S^{-1}(A)) = \mu(A),$$

那么称 μ 在 S 下是**不变的**. 如果 $S^{-1}(A) = A$, 则

$$\mu(A) = 0 \quad \text{或} \quad \mu(A) = 1,$$

那么称 μ 是**遍历的**.

Birkhoff (伯克霍夫) 于 1931 年证明了如下的 Boltzmann 遍历假设[①].

定理 6.1.2 (Birkhoff 定理) 若 μ 是关于 S 不变的并且是一个遍

---

① WALTERS P. An Introduction to Ergodic Theory. New York-Berlin: Springer-Verlag, 1982.

历的概率测度, 则 (6.2) 式表示的极限对 $x_0 \in [0,1]$ 关于测度 μ 几乎处处存在且 (6.3) 式成立.

这个定理告诉我们: 对于混沌动力系统, 虽然从 x_0 出发的轨道 $\{S^n(x_0)\}$ 是混沌的, 并且对初始 x_0 有极度敏感性, 但是此轨道落在 A 中的频率对于除了一个 μ 测度为零的集合的点之外的所有初始 x_0 均为同一常数, 此常数即为 A 的空间平均 $\mu(A)$.

我们以迭代序列/离散动力系统

$$\begin{cases} x_k = S_4(x_{k-1}), & k = 1, 2, \cdots, \\ x_0 \text{ 给定}, & S_4(x) = 4x(1-x) \end{cases}$$

为例进行说明. 我们有

(1) 该迭代很复杂. 几乎对所有的初始 x_0, 该系统的轨道 $\{x_n\}$ 在 $[0,1]$ 中稠密: 对任何 $x \in [0,1]$, 均存在 $\{x_{n_k}\} \subset \{x_n\}$, 使得当 $k \to \infty$ 时, $x_{n_k} \longrightarrow x$.

(2) 该系统又很简单. 其轨道落到集合 A 上的概率/频率是

$$\mu(A) = \int_A \frac{1}{\pi\sqrt{x(1-x)}} \mathrm{d}x,$$

即

$$\lim_{n\to\infty} \frac{1}{n} \sum_{k=0}^{n-1} \chi_A(S_4^k(x_0)) = \int_A \frac{1}{\pi\sqrt{t(1-t)}} \mathrm{d}t$$

关于测度 μ 对几乎所有的初始 $x_0 \in [0,1]$ 成立.

总而言之, 确定性系统可将有序变成无序, 而混沌在统计观点下又具有正规性. 以上讨论说明: 确定性系统的迭代通常在不同的度量下会呈现不同的性态. 相关深入的讨论参见 [10]. 这意味着我们需要在不同的度量下审视非线性迭代的渐近行为. 下面我们将着重讨论一些典型非线性迭代的收敛性与误差估计.

6.2 不动点计算与迭代逼近

设 $F : \mathbb{R}^n \longrightarrow \mathbb{R}^n$ 连续可微, 我们讨论

$$F(x) = 0 \tag{6.4}$$

的数值求解, 更确切地说是构造迭代法进行求解. 同前面讨论的类似, 我们所构造的迭代格式事实上是不动点问题中不动点的逐次逼近格式. 因此, 非线性方程组 (6.4) 的数值求解便化为某些不动点问题的迭代逼近. 如无特殊声明, 以下 $\|\cdot\|$ 均表示 $\mathbb{R}^n$ 中某范数. 与线性系统类似, 我们有如下结论.

定理 6.2.1 设 Ω 是 $\mathbb{R}^n$ 中的闭子集且 $\alpha \in (0,1)$. 如果 $T : \Omega \longrightarrow \Omega$ 是 $\alpha-$ 压缩映射, 即

$$\|T(x) - T(y)\| \leqslant \alpha \|x - y\|, \quad \forall x, y \in \Omega,$$

那么 T 在 Ω 内有唯一不动点, 且对任何 $x_0 \in \Omega$, 逐次迭代

$$x_k = T(x_{k-1}), \quad k = 1, 2, \cdots \tag{6.5}$$

均收敛到该不动点, 并有先验估计

$$\|x - x_k\| \leqslant \frac{\alpha^k}{1-\alpha} \|x_1 - x_0\|,$$

后验估计

$$\|x - x_k\| \leqslant \frac{\alpha}{1-\alpha} \|x_k - x_{k-1}\|,$$

以及收敛率

$$\|x - x_k\| \leqslant \alpha \|x - x_{k-1}\|, \quad k = 1, 2, \cdots.$$

注记 6.2.1 以上压缩映射的不动点存在性结论称为 Banach 定理. 事实上, 若 $\Omega \subset \mathbb{R}^n$ 为有界闭集且

$$\|T(x) - T(y)\| < \|x - y\|, \quad \forall x, y \in \Omega, x \neq y,$$

则 T 在 Ω 内有唯一不动点, 且对任何 $x_0 \in \Omega$, 迭代 (6.5) 都收敛到该不动点.

同样, 与线性系统迭代类似, 算子的压缩性是一定意义下的 Picard (皮卡) 迭代收敛的充分必要条件. 事实上, 我们有如下的 Leader (利德) 定理[①].

定理 6.2.2 设 (X, ρ) 是一完备的度量空间, $T : X \longrightarrow X$ 连续, 那么存在一个与 ρ 等价的度量 ρ^* 使得 T 是 $\alpha-$压缩的 $(\alpha \in (0, 1))$, 即

$$\rho^*(T(x), T(y)) \leqslant \alpha \rho^*(x, y), \quad \forall x, y \in X$$

的充分必要条件是

(1) 对任何 $x \in X$ 都有 $\lim\limits_{k \to \infty} T^k(x) = x^*$, 其中 x^* 为 T 的不动点;

(2) $T^k(x)$ 在 x^* 的某邻域一致地收敛到 x^*.

如下的 Ostrowski (奥斯特洛夫斯基) 定理指出: 只要算子的主部——其 Fréchet (弗雷歇) 导数是压缩的, 上述 Banach 定理相关结论亦成立.

定理 6.2.3 设 $T : \Omega \subset \mathbb{R}^n \longrightarrow \mathbb{R}^n$ 在 Ω 内有一不动点 x^*, 且 $T(x)$ 在 x^* 处的 Fréchet 导数 $T'(x^*)$ 存在、对称. 若

$$\sigma = \rho(T'(x^*)) < 1, \tag{6.6}$$

则存在 $\delta > 0$ 使得对 $O(x^*, \delta) \equiv \{x \in \Omega : \|x^* - x\|_2 < \delta\}$ 中所有的 x_0, 迭代序列

$$x_k = T(x_{k-1}), \quad k = 1, 2, \cdots$$

①LEADER S. A topological characterization of Banach contraction. Pacific J. Math., 1977, 69: 461-466.

都收敛到 x^*, 这里 $\|\cdot\|_2$ 是 $\mathbb{R}^n$ 中的 Euclid 范数.

证明 由于 T 在 x^* 处 Fréchet 可导, 故对 $\varepsilon \in (0, (1-\sigma)/2)$, 存在 $\delta > 0$ 使得

$$\|T(x) - T(x^*) - T'(x^*)(x - x^*)\|_2 \leqslant \varepsilon \|x - x^*\|_2, \quad \forall x \in O(x^*, \delta).$$

于是有

$$\|T(x) - T(x^*)\|_2 \leqslant (\varepsilon + \|T'(x^*)\|_2)\|x - x^*\|_2, \quad \forall x \in O(x^*, \delta).$$

我们知道当 $T'(x^*)$ 对称时, $\rho(T'(x^*)) = \|T'(x^*)\|_2$, 故

$$\|T(x) - T(x^*)\|_2 \leqslant \frac{1+\sigma}{2}\|x - x^*\|_2, \quad \forall x \in O(x^*, \delta).$$

从而, 如果 $x_0 \in O(x^*, \delta)$, 那么由数学归纳法即得

$$x_k = T(x_{k-1}) \in O(x^*, \delta), \quad k = 1, 2, \cdots,$$

且

$$\begin{aligned}
\|x_k - x^*\|_2 &= \|T(x_{k-1}) - T(x^*)\|_2 \\
&\leqslant \frac{1+\sigma}{2}\|x_{k-1} - x^*\|_2, \quad k = 1, 2, \cdots.
\end{aligned}$$

这样, 我们就完成了收敛性证明. $\qquad\square$

注记 6.2.2 定理 6.2.3 中 $T'(x^*)$ 对称这个条件可以除掉.

6.3 Newton 法与拟 Newton 法

当 $F(x) = Ax - b$(其中 $A \in \mathbb{R}^{n \times n}$) 时, $F'(x) = A$. 对这样的线性系统, 我们通常通过构造 A^{-1} 的近似 B 来预处理该系统, 以使得所得到的新系统相应的谱相对集中 (如在 $(0,1)$ 内), 从而使相应的迭代计算收敛 (参见第五章 5.3, 5.4 节). 因此, 我们会自然地想到, 同样可以应用

$(F'(x))^{-1}$ 的近似来预处理非线性系统.

事实上, 当 $B = (F'(x_0))^{-1}$ 时, 相应的迭代法为简单 Newton 法; 而当 $B_k = (F'(x_k))^{-1}$ 时, 即为所谓的 Newton 法; 又当 B_k 取为 $(F'(x_k))^{-1}$ 的近似时, 便称为拟 Newton 法.

在讨论 Newton 法的收敛性之前, 我们给出收敛阶的定义.

定义 6.3.1　设迭代序列 $x_k \in \mathbb{R}^n$ 收敛到 $x^* \in \mathbb{R}^n$. 若存在 $p \geqslant 1$, $c < \infty$ 使得

$$\|x_k - x^*\| \leqslant c\|x_{k-1} - x^*\|^p, \quad k = 1, 2, \cdots,$$

则称 $\{x_k\}$ **至少 p 阶收敛**. 若

$$\lim_{k \to \infty} \frac{\|x_k - x^*\|}{\|x_{k-1} - x^*\|^p} = 0,$$

则称 $\{x_k\}$ **超 p 阶收敛**. 特别地, 当 $p = 1$ 时, 称为**超线性收敛**; $p = 2$ 时, 称为**超平方收敛**.

定理 6.3.1 (Newton-Kantorovich (牛顿–康托罗维奇) 定理)
设 $F: \Omega \subset \mathbb{R}^n \longrightarrow \mathbb{R}^n, F(x^*) = 0$, 并且在 x^* 的某开邻域 $O(x^*, \delta_0) \subset \Omega$ 内, $F(x)$ 是 Fréchet 可导的. 若 $F'(x)$ 连续且 $F'(x^*)$ 非奇异, 则存在 $O(x^*, \delta) \subset O(x^*, \delta_0)$ 使得对任何 $x \in O(x^*, \delta)$, 算子

$$T(x) \equiv x - (F'(x))^{-1}F(x)$$

有定义 (即 Newton 法适定), 且 Newton 法

$$x_k = x_{k-1} - (F'(x_{k-1}))^{-1}F(x_{k-1}), \quad k = 1, 2, \cdots \tag{6.7}$$

超线性收敛, 即

$$\lim_{k \to \infty} \frac{\|x_k - x^*\|}{\|x_{k-1} - x^*\|} = 0.$$

若 $F'(x)$ 在 $O(x^*, \delta)$ 内还满足

$$\|F'(x) - F'(x^*)\| \leqslant \alpha \|x - x^*\|, \quad \forall x \in O(x^*, \delta), \tag{6.8}$$

其中 $\alpha \in (0, 1)$, 则 Newton 法至少二阶收敛, 即

$$\|x_k - x^*\| \leqslant c \|x_{k-1} - x^*\|^2, \quad k = 1, 2, \cdots.$$

证明 由 $F'(x^*)$ 非奇异性及 $F'(x)$ 连续性知, 对任何 $\varepsilon > 0$, 存在 $\delta > 0$, 使得

$$\|F'(x) - F'(x^*)\| \leqslant \varepsilon, \quad \forall x \in O(x^*, \delta),$$

$$\|F(x) - F(x^*) - F'(x^*)(x - x^*)\| \leqslant \varepsilon \|x - x^*\|, \quad \forall x \in O(x^*, \delta),$$

$$\|(F'(x))^{-1}\| \leqslant \beta \equiv 2\|(F'(x^*))^{-1}\|.$$

于是

$$\begin{aligned}
\|T(x) - T(x^*)\| &= \|x - (F'(x))^{-1} F(x) - x^*\| \\
&\leqslant \|(F'(x))^{-1}\| \|F(x) - F'(x)(x - x^*)\| \\
&\leqslant \beta (\|F(x) - F(x^*) - F'(x^*)(x - x^*)\| + \\
&\quad \|(F'(x^*) - F'(x))(x - x^*)\|),
\end{aligned}$$

即

$$\begin{aligned}
\|T(x) - T(x^*)\| \leqslant \beta (&\|F(x) - F(x^*) - F'(x^*)(x - x^*)\| + \\
&\|(F'(x^*) - F'(x))(x - x^*)\|).
\end{aligned} \tag{6.9}$$

从而

$$\|T(x) - T(x^*)\| \leqslant 2\beta\varepsilon \|x - x^*\|,$$

且

$$\frac{\|x_k - x^*\|}{\|x_{k-1} - x^*\|} \leqslant 2\beta\varepsilon, \quad k = 1, 2, \cdots.$$

这样, 我们就证明了 Newton 法 (6.7) 具有超线性收敛性.

注意到, 由 Newton-Leibniz 公式有

$$F(x) - F(x^*) - F'(x^*)(x - x^*)$$

$$= \int_0^1 \left(F'(tx + (1-t)x^*) - F'(x^*) \right)(x - x^*)\mathrm{d}t.$$

故若 (6.8) 式成立, 则有

$$\|F(x) - F(x^*) - F'(x^*)(x - x^*)\| \leqslant \alpha \|x - x^*\|^2.$$

于是, 由 (6.9) 式即得

$$\|T(x) - T(x^*)\| \leqslant 2\beta\alpha \|x - x^*\|^2.$$

这就证明了 Newton 法至少二阶收敛.   □

无论是简单 Newton 法, 还是 Newton 法均是直接利用 $(F'(x))^{-1}$. 而实际上, 我们只需找到矩阵 B_k 满足 $B_k \approx (F'(x_k))^{-1}$ 或

$$\|B_k - (F'(x_k))^{-1}\| \longrightarrow 0$$

即可. 这使得我们可以从 $F'(x)$ 的近似着手. 为此, 我们先给出

命题 6.3.1　设 $F = (f_1, f_2, \cdots, f_n)^{\mathrm{T}} : \Omega \subset \mathbb{R}^n \longrightarrow \mathbb{R}^n$ 连续可微, 其中 Ω 为凸子集, 则对任何 $x, y \in \Omega$ 有

$$F(x) - F(y) = H(x, y)(y - x),$$

其中

$$H(x, y) = (f_1'(x + \xi(y - x)), f_2'(x + \xi(y - x)), \cdots,$$

$$f_n'(x + \xi(y - x)))^{\mathrm{T}} \quad (\xi \in [0, 1])$$

满足

$$\|H(x, y)\| \leqslant \sup_{0 \leqslant t \leqslant 1} \|F'(x + t(y - x))\|, \quad \forall x, y \in \Omega.$$

证明　将标准的微分中值定理用于 $g(t) \equiv F(x + t(y - x))$ 即得. □

由命题 6.3.1 知, 存在 H_k 满足 $H_k \approx F'(x_k)$ 且

$$H_k(x_k - x_{k-1}) = F(x_k) - F(x_{k-1}).$$

考虑限制 H_k 是由 H_{k-1} 的一个低秩修正矩阵得到, 即

$$H_k = H_{k-1} + \Delta H_{k-1},$$

其中 ΔH_{k-1} 的秩为 $m \geqslant 1$. 最简单的情况是 ΔH_{k-1} 的秩为 1. 而秩为 1 的矩阵 ΔH_{k-1} 可写为

$$\Delta H_{k-1} = u_{k-1} v_{k-1}^{\mathrm{T}}, \quad u_{k-1}, v_{k-1} \in \mathbb{R}^n.$$

若记 $r_{k-1} = x_k - x_{k-1}$, $y_{k-1} = F(x_k) - F(x_{k-1})$, 则

$$(H_{k-1} + u_{k-1} v_{k-1}^{\mathrm{T}}) r_{k-1} = y_{k-1}$$

或

$$u_{k-1} v_{k-1}^{\mathrm{T}} r_{k-1} = y_{k-1} - H_{k-1} r_{k-1}.$$

如果 $v_{k-1}^{\mathrm{T}} r_{k-1} \neq 0$, 那么有

$$u_{k-1} = \frac{1}{v_{k-1}^{\mathrm{T}} r_{k-1}} (y_{k-1} - H_{k-1} r_{k-1}).$$

从而

$$\Delta H_{k-1} = \frac{1}{v_{k-1}^{\mathrm{T}} r_{k-1}} (y_{k-1} - H_{k-1} r_{k-1}) v_{k-1}^{\mathrm{T}}.$$

特别地, 若取 $v_{k-1} = r_{k-1} \neq 0$, 则我们有

$$u_{k-1} = \frac{1}{r_{k-1}^{\mathrm{T}} r_{k-1}} (y_{k-1} - H_{k-1} r_{k-1}),$$

$$\Delta H_{k-1} = \frac{1}{r_{k-1}^{\mathrm{T}} r_{k-1}} (y_{k-1} - H_{k-1} r_{k-1}) r_{k-1}^{\mathrm{T}}.$$

于是, 我们得到秩 1 的拟 Newton 法或秩 1 的 Broyden (布罗伊登) 方法: 给定 x_0, H_0, 对 $k = 1, 2, \cdots$

$$\begin{cases} x_k = x_{k-1} - H_{k-1}^{-1} F(x_{k-1}), \\ H_k = H_{k-1} + (y_{k-1} - H_{k-1} r_{k-1}) \dfrac{r_{k-1}^{\mathrm{T}}}{r_{k-1}^{\mathrm{T}} r_{k-1}}. \end{cases}$$

秩 1 的 Broyden 迭代涉及 H_k 的逆. 从计算角度看是难令人满意的. 事实上, 可导出等价的互逆的秩 1 的 Broyden 迭代法. 这一等价的迭代法不涉及求逆. 为此, 我们需要如下很有用的结论.

定理 6.3.2 (Sherman-Morrison (舍曼–莫里森) 定理)　设 $u, v \in \mathbb{R}^n$ 且 $A \in \mathbb{R}^{n \times n}$ 可逆, 则 $A + uv^{\mathrm{T}}$ 可逆当且仅当 $1 + v^{\mathrm{T}} A^{-1} u \neq 0$. 当 $A + uv^{\mathrm{T}}$ 可逆时,

$$(A + uv^{\mathrm{T}})^{-1} = A^{-1} - \frac{A^{-1} uv^{\mathrm{T}} A^{-1}}{1 + v^{\mathrm{T}} A^{-1} u}.$$

证明　不妨设 $u, v \neq 0$. 若 $A + uv^{\mathrm{T}}$ 可逆. 即对任何 $y \in \mathbb{R}^n$, 存在 $x \in \mathbb{R}^n$ 使得

$$(A + uv^{\mathrm{T}})x = y.$$

于是

$$v^{\mathrm{T}} A^{-1} (A + uv^{\mathrm{T}}) x = v^{\mathrm{T}} A^{-1} y.$$

上式成立当且仅当

$$(1 + v^{\mathrm{T}} A^{-1} u) v^{\mathrm{T}} x = v^{\mathrm{T}} x (1 + v^{\mathrm{T}} A^{-1} u) = v^{\mathrm{T}} A^{-1} y,$$

亦即当且仅当 $1 + v^{\mathrm{T}} A^{-1} u \neq 0$.

若 $1 + v^{\mathrm{T}} A^{-1} u \neq 0$, 则 $A^{-1} - \dfrac{A^{-1} uv^{\mathrm{T}} A^{-1}}{1 + v^{\mathrm{T}} A^{-1} u} \in \mathbb{R}^{n \times n}$ 且

$$(A + uv^{\mathrm{T}}) \left(A^{-1} - \frac{A^{-1} uv^{\mathrm{T}} A^{-1}}{1 + v^{\mathrm{T}} A^{-1} u} \right) - I$$

$$= I - \frac{uv^{\mathrm{T}} A^{-1}}{1 + v^{\mathrm{T}} A^{-1} u} + uv^{\mathrm{T}} A^{-1} - \frac{u(v^{\mathrm{T}} A^{-1} u) v^{\mathrm{T}} A^{-1}}{1 + v^{\mathrm{T}} A^{-1} u} - I$$

$$= -\frac{uv^{\mathrm{T}}A^{-1}(1 + v^{\mathrm{T}}A^{-1}u)}{1 + v^{\mathrm{T}}A^{-1}u} + uv^{\mathrm{T}}A^{-1}$$
$$= 0.$$

证毕. □

由于 H_k 由迭代

$$H_k = H_{k-1} + u_{k-1}v_{k-1}^{\mathrm{T}}$$

给出, 故由 Sherman-Morrison 定理得到

$$H_k^{-1} = (H_{k-1} + u_{k-1}v_{k-1}^{\mathrm{T}})^{-1} = H_{k-1}^{-1} - \frac{H_{k-1}^{-1}u_{k-1}v_{k-1}^{\mathrm{T}}H_{k-1}^{-1}}{1 + v_{k-1}^{\mathrm{T}}H_{k-1}^{-1}u_{k-1}}.$$

注意到

$$u_{k-1} = \frac{1}{r_{k-1}^{\mathrm{T}}r_{k-1}}(y_{k-1} - H_{k-1}r_{k-1}), \quad v_{k-1} = r_{k-1},$$

我们有

$$H_k^{-1} = H_{k-1}^{-1} - \frac{H_{k-1}^{-1}(y_{k-1} - H_{k-1}r_{k-1})r_{k-1}^{\mathrm{T}}H_{k-1}^{-1}}{r_{k-1}^{\mathrm{T}}r_{k-1}} \cdot$$
$$\frac{1}{1 + r_{k-1}^{\mathrm{T}}H_{k-1}^{-1}(y_{k-1} - H_{k-1}r_{k-1})/(r_{k-1}^{\mathrm{T}}r_{k-1})}$$
$$= H_{k-1}^{-1} + \frac{(r_{k-1} - H_{k-1}^{-1}y_{k-1})r_{k-1}^{\mathrm{T}}H_{k-1}^{-1}}{r_{k-1}^{\mathrm{T}}H_{k-1}^{-1}y_{k-1}}.$$

从而若 $B_{k-1} = H_{k-1}^{-1}$, 则

$$B_k = B_{k-1} + \frac{(r_{k-1} - B_{k-1}y_{k-1})r_{k-1}^{\mathrm{T}}B_{k-1}}{r_{k-1}^{\mathrm{T}}B_{k-1}y_{k-1}}.$$

这样我们得到秩 1 的逆 Broyden 方法: 对 $k = 1, 2, \cdots$

$$\begin{cases} x_k = x_{k-1} - B_{k-1}F(x_{k-1}), \\ B_k = B_{k-1} + (r_{k-1} - B_{k-1}y_{k-1})\dfrac{r_{k-1}^{\mathrm{T}}B_{k-1}}{r_{k-1}^{\mathrm{T}}B_{k-1}y_{k-1}}, \quad r_{k-1}^{\mathrm{T}}B_{k-1}y_{k-1} \neq 0, \end{cases}$$

其中 $r_{k-1} = x_k - x_{k-1}, y_{k-1} = F(x_k) - F(x_{k-1}), x_0$ 给定, $B_0 = (F'(x_0))^{-1}$.

最小二乘法与 Anderson 迭代

我们先介绍线性系统的最小二乘法. 对于 $A \in \mathbb{R}^{m \times n}$, 如果 $m = n$ 且 A 非奇异, 那么线性系统

$$Ax = b \qquad\qquad (6.10)$$

是可解的. 当 $m < n$ 时, 系统 (6.10) 有多个解; 而当 $m > n$ 时, 系统 (6.10) 在通常意义下无解. 然而, 当我们用 A^{T} 对系统 (6.10) 预处理时可得

$$A^{\mathrm{T}} A x = A^{\mathrm{T}} b. \qquad\qquad (6.11)$$

注意到, 当 rank $A = n$ 时, $A^{\mathrm{T}} A$ 对称正定, 故系统 (6.11) 有唯一解

$$x = (A^{\mathrm{T}} A)^{-1} A^{\mathrm{T}} b.$$

但是由于 $A^{\mathrm{T}} A$ 条件数大, 求解系统 (6.11) 的计算过程中不可避免的舍入误差会十分敏感地影响计算结果.

定理 6.4.1　$x \in \mathbb{R}^n$ 满足系统 (6.11) 当且仅当 $x \in \mathbb{R}^n$ 满足

$$\|Ax - b\|_2 = \min\{\|Ay - b\|_2 : y \in \mathbb{R}^n\}. \qquad (6.12)$$

证明　充分性. 考虑

$$F(y) = \|Ay - b\|_2^2 = (Ay - b, Ay - b).$$

既然 x 使得这个多元函数达到极小值, 则必有

$$\left.\frac{\partial F}{\partial y_i}\right|_{y=x} = 0, \quad i = 1, 2, \cdots, n.$$

即 (6.11) 式成立.

必要性. 设 (6.11) 式成立. 对任何 $y \in \mathbb{R}^n$, 简单推导有

$$F(x+y) = (A(x+y)-b, A(x+y)-b)$$

$$= \|Ax-b\|_2^2 + 2(Ay, Ax-b) + (Ay, Ay)$$

$$= \|Ax-b\|_2^2 + 2(y, A^{\mathrm{T}}(Ax-b)) + (Ay, Ay)$$

$$= \|Ax-b\|_2^2 + (Ay, Ay)$$

$$\geqslant F(x).$$

这就完成了定理的证明. □

推论 6.4.1 若记

$$X_{LS} = \{x \in \mathbb{R}^n : x \text{ 满足系统 } (6.11)\},$$

$$x_{LS} = \arg\min\{\|x\|_2 : x \in X_{LS}\},$$

则 (1) X_{LS} 是凸集;

(2) x_{LS} 是唯一的;

(3) $X_{LS} = \{x_{LS}\}$ 的充分必要条件是 rank $A = n$.

以上讨论的是线性问题可解性. 下面考虑非线性问题

$$F(x) = 0 \tag{6.13}$$

求解, 其中 $F(x) = (f_1(x), f_2(x), \cdots, f_n(x))^{\mathrm{T}} : \mathbb{R}^n \to \mathbb{R}^n$. 问题 (6.13)
可转化为非线性无约束优化问题. 目标函数最简单的构造方法是取

$$f(x) = \sum_{i=1}^{n} f_i^2(x) = F^{\mathrm{T}}(x)F(x). \tag{6.14}$$

显然 $f(x) \geqslant 0$. 故当 x^* 满足 (6.13) 式时, 必有 $f(x^*) = 0$, 即 x^* 是 $f(x)$
的极小值. 当然, 问题 (6.14) 的极小值点不一定满足 (6.13) 式.

定义 6.4.1 称 $f(x)$ 的极小值点 x^* 为非线性问题 (6.13) 的**最小
二乘解**.

什么情况下会有极小值点呢? 为此, 我们引进

定义 6.4.2 设 $f : D \subset \mathbb{R}^n \longrightarrow \mathbb{R}$, 形如

$$L_c = \{x \in D : f(x) \leqslant c\}$$

的任何一个非空集称为 $f(x)$ 的**水平集**, 其中 $c \in \mathbb{R}$.

定理 6.4.2 设 $f : D \subset \mathbb{R}^n \longrightarrow \mathbb{R}$ 为连续函数. 如果 $f(x)$ 存在一个 (非空) 有界闭的水平集, 那么必有 $x^* \in D$ 使得

$$f(x^*) = \inf_{x \in D} f(x).$$

证明 设 L_{λ_0} 是一非空有界闭的水平集. 往证

$$\inf_{x \in D} f(x) = \inf_{x \in L_{\lambda_0}} f(x). \tag{6.15}$$

显然,

$$\inf_{x \in D} f(x) \leqslant \inf_{x \in L_{\lambda_0}} f(x).$$

若 (6.15) 式不成立, 则

$$\inf_{x \in D} f(x) < \inf_{x \in L_{\lambda_0}} f(x).$$

于是, 存在 $\tilde{x} \in D$ 使得

$$f(\tilde{x}) < 1/2 \left(\inf_{x \in D} f(x) + \inf_{x \in L_{\lambda_0}} f(x) \right) < \inf_{x \in L_{\lambda_0}} f(x) \leqslant \lambda_0.$$

故 $\tilde{x} \in L_{\lambda_0}$, 从而

$$\inf_{x \in L_{\lambda_0}} f(x) \leqslant f(\tilde{x}) < \inf_{x \in L_{\lambda_0}} f(x).$$

矛盾. 故 (6.15) 式成立.

由于 L_{λ_0} 是非空有界闭的水平集, 故存在 $x^* \in L_{\lambda_0}$ 使

$$f(x^*) = \inf_{x \in L_{\lambda_0}} f(x).$$

即

$$f(x^*) = \inf_{x \in D} f(x).$$

这就完成了定理的证明. □

判断给定的 $f(x)$ 是否存在有界闭的水平集, 我们有如下的结论.

定理 6.4.3 设 $f : D \subset \mathbb{R}^n \longrightarrow \mathbb{R}$, 其中 D 是无界域, 那么 f 的所有水平集都有界的充分必要条件是: 当 $\{x_k\} \subset D$ 且 $\lim\limits_{k \to \infty} \|x_k\| = \infty$ 时, 总有 $\lim\limits_{k \to \infty} f(x_k) = \infty$.

于是, 无约束优化问题与非线性方程组在一定条件下可以互相转化. 两类问题各有其特点, 相应算法亦各有其价值.

注记 6.4.1 以上讨论的是无约束极值问题. 如果是带约束的极值问题, 那么会推导出什么结果呢? 例如

$$\min_{\|y\|_2 = 1} y^{\mathrm{T}} A y,$$

即特征值问题. 特征值问题便是典型的带约束条件的极值问题. 它的数值求解将在下章讨论.

非线性问题加速求解十分重要. 通常, Picard 迭代的收敛速度难以满足实际需求, 因此人们寻找各种加速技术. 例如, 我们可利用优化的多步迭代过程来加速求解问题 (6.13), Anderson (安德森) 迭代法就是这类非常有效的求解非线性问题的迭代法, 在许多科学工程计算中得到成功应用. 但 Anderson 迭代法数学理论还不多见. 在本章最后, 我们介绍 Anderson 迭代法及其收敛性结论. 令

$$T(x) = x + F(x),$$

那么问题 (6.13) 的解即为

$$x = T(x)$$

的不动点.

如下的算法便是 Anderson 迭代法.

算法 6.4.1 设 $x_0 \in \mathbb{R}^n, m \geqslant 1$.

对 $k = 1, 2, \cdots$, 置 $m_k = \min\{m, k\}$. 求

$$(\alpha_1^{(k-1)}, \alpha_2^{(k-1)}, \cdots, \alpha_{m_k}^{(k-1)})$$

$$= \arg\min\left\{\left\|\sum_{j=1}^{m_k} t_j F(x_{k-j})\right\|_2 : \sum_{j=1}^{m_k} t_j = 1, t_j \in \mathbb{R}\right\},$$

其中

$$x_k = \sum_{j=1}^{m_k} \alpha_j^{(k-1)} T(x_{k-j}).$$

上述 Anderson 迭代法是一种多步最小二乘法. 对此 Anderson 迭代法, 我们有如下的收敛性结论[①]:

定理 6.4.4 设 $x^* \in \mathbb{R}^n$ 是问题 (6.13) 的解, $F : \mathbb{R}^n \longrightarrow \mathbb{R}^n$ 在 x^* 的某开邻域 $O(x^*, \delta)(\delta > 0)$ 上 Fréchet 可导, 导数 $F'(x)$ 连续且有

$$\|T(x) - T(y)\|_2 \leqslant \alpha\|x - y\|_2, \quad \forall x, y \in O(x^*, \delta),$$

其中 $T(x) = x + F(x), \alpha \in (0, 1)$. 如果 $x_0 \in O(x^*, \delta)$, 那么当 $m = 2$ 时, 存在 $\beta \in (\alpha, 1)$ 使得

$$\|F(x_k)\|_2 \leqslant \beta^k \|F(x_{k-1})\|_2, \quad k = 1, 2, \cdots,$$

$$\|x_k - x^*\|_2 \leqslant \frac{1+\alpha}{1-\alpha} \beta^k \|x_0 - x^*\|_2, \quad k = 1, 2, \cdots.$$

非线性问题的迭代计算及其加速技术是非常重要的基础算法问题,

---

① TOTH A, KELLEY C T. Convergence analysis for Anderson acceleration. SIAM J. Numer. Anal., 2015, 53: 805-819.

有待进一步研究与探索, 而且非常具有挑战性①.

问　　题

1. 试证明定理 6.2.1.

2. 试证明注记 6.2.1.

3. 设 X 是 Hilbert 空间, M 是 X 的非空闭凸有界子集, $T: M \to M$ 为非扩张映射. 试证明:

(1) 映射 T 在 M 中至少有一不动点.

(2) 对 $t \in (0,1)$, 由

$$x_n = (1-t)Tx_{n-1} + tx_{n-1}, \quad n = 1, 2, \cdots \qquad (6.16)$$

构造的序列 $\{x_n\}$ 弱收敛到 T 的不动点.

4. 设 X 是 Hilbert 空间, M 是 X 的非空闭凸有界子集, $T: M \to M$ 为非扩张映射. 试问: 什么情况下由 (6.16) 式确定的序列 $\{x_n\}$ 强收敛到 T 的不动点?

5. 设函数 $T: [0,1] \to [0,1]$ 满足 $T \in C^1[0,1]$. 如果存在 $\alpha < 1$ 使得

$$|T'(x)| \leqslant \alpha, \quad \forall x \in [0,1],$$

那么迭代序列 (6.5) 对任何初始 $x_0 \in [0,1]$ 均收敛到 T 的唯一的不动点 x^*, 并满足

$$\lim_{k \to \infty} \frac{x_{k+1} - x^*}{x_k - x^*} = T'(x^*).$$

6. 设 $T: (0,1) \to \mathbb{R}$ 二阶连续可微, x^* 是 T 的不动点且 $T'(x) \neq 1$. 试证明: Steffensen (斯特芬森) 方法

———————————

①更多的介绍与讨论参见 d'ASPREMONT A, SCIEUR D, TAYLOR A. Acceleration methods.

$$x_{k+1} = x_k - \frac{(T(x_k) - x_k)^2}{T(T(x_k)) - 2T(x_k) + x_k}, \quad k = 0, 1, 2, \cdots$$

局部收敛到 x^* 且至少二阶收敛.

7. 设 $f : \mathbb{R} \to \mathbb{R}$ 且 $f(x) = 0$ 有 m 重根 x^*, $m \geqslant 2$. 试问: 迭代

$$x_k = x_{k-1} - m\frac{f(x_{k-1})}{f'(x_{k-1})}, \quad k = 1, 2, \cdots$$

至少是二阶收敛吗? 为什么?

8. 设 $A \in \mathbb{R}^{n \times n}$ 非奇异, $X_0 \in \mathbb{R}^{n \times n}$ 满足

$$AX_0 = X_0A,$$

且关于一矩阵范数 $\|\cdot\|$ 有 $\|I - AX_0\| < 1$. 试证明: 迭代

$$X_{k+1} = 2X_k - X_kAX_k, \quad k = 0, 1, 2, \cdots$$

收敛到 A^{-1} 且至少二阶收敛.

9. 我们能否对 F' 进行适当的分解 (比如分解出主部与剩余部分) 而构造类似的迭代法呢?

10. 对于 $F(x) = 0$ 的求解, 我们可以先对之进行 "预处理" 而讨论 $BF(x) = 0$ 的求解, 这里 B 可逆. 事实上, 对称地, 当 C 可逆时, 问题 $F(x) = 0$ 等价于

$$F(Cy) = 0, \quad x = Cy,$$

或更一般地, 当 B 和 C 可逆时, 是否能从

$$BF(Cy) = 0, \quad x = Cy$$

与 $F(x) = 0$ 等价出发, 构造新的有效的算法?

11. 现有两种变分原理将 $Ax = b$ 化为极小问题. 是否存在可将之化为更有效的极小问题或优化问题?

第七章　矩阵特征值问题的数值方法

前面有关章节涉及的极值问题是无约束的极值问题, 而特征值问题是典型的有约束的极值问题. 另外, 特征值问题也是典型的数学物理模型. 除此之外, 函数空间上的一些算子的特征函数构成了函数空间非常有效的基函数, 进而在大规模方程高效数值计算与数据处理中发挥着重要作用, 如算法构造、分析与实现.

本章主要讨论 (实) 可对角化矩阵的特征值问题的几类典型的数值方法.

7.1　矩阵特征值的基本性质

在这一节中, 我们介绍特征值问题的一些基本性质.

定理 7.1.1 (Rayleigh (瑞利) 定理)　设 $A \in \mathbb{R}^{n \times n}$ 对称, 其特征值满足

$$\lambda_1 \geqslant \lambda_2 \geqslant \cdots \geqslant \lambda_n,$$

相应的标准正交特征向量为 $x_1, x_2, \cdots, x_n$, 则

$$\lambda_j = \max_{x \in V_j, \|x\|_2 = 1} (Ax, x), \quad j = 1, 2, \cdots, n.$$

这里 $V_1, V_2, \cdots, V_n$ 定义如下:

$$V_1 = \mathbb{R}^n,$$

$$V_j = \{x \in \mathbb{R}^n : x^{\mathrm{T}} x_k = 0, k = 1, 2, \cdots, j-1\}, \quad j = 2, \cdots, n,$$

即 V_j 为前 $j-1$ 个特征子空间并的正交补或 $\mathrm{span}\{x_k : k = j, j + 1, \cdots, n\}$.

证明　设 $x \in V_j, x \neq 0$. 我们有

$$x = \sum_{k=j}^{n} (x, x_k) x_k,$$

$$\sum_{k=j}^{n} |(x, x_k)|^2 = x^{\mathrm{T}} x.$$

于是

$$Ax = \sum_{k=j}^{n} \lambda_k (x, x_k) x_k$$

且

$$(Ax, x) = \sum_{k=j}^{n} \lambda_k |(x, x_k)|^2 \leqslant \lambda_j \sum_{k=j}^{n} |(x, x_k)|^2 = \lambda_j x^{\mathrm{T}} x.$$

这意味着

$$\max_{x \in V_j, \|x\|_2 = 1} (Ax, x) \leqslant \lambda_j.$$

注意到 $(Ax_j, x_j) = \lambda_j$, 我们便完成了证明. □

定理 7.1.2 (Courant-Fisher (库朗–费希尔) 定理)　设 $A \in \mathbb{R}^{n \times n}$ 对称. 若 $\lambda_1 \geqslant \lambda_2 \geqslant \cdots \geqslant \lambda_n$ 为其特征值, 则

$$\lambda_j = \min_{U_j \subset M_j} \max_{x \in U_j, \|x\|_2 = 1} (Ax, x), \quad j = 1, 2, \cdots, n,$$

其中 M_j 是 $\mathbb{R}^n$ 中维数为 $n + 1 - j$ 的子空间 U_j 全体.

证明 首先, 由 (Ax, x) 关于 x 的连续性知

$$\max_{x \in U_j, \|x\|_2 = 1} (Ax, x) = \sup_{x \in U_j, \|x\|_2 = 1} (Ax, x).$$

其次, 设 $x_1, x_2, \cdots, x_n$ 为对应于 $\lambda_1, \lambda_2, \cdots, \lambda_n$ 的相互正交的特征向量. 对任何 $U_j, \dim U_j = n + 1 - j$. 往证: 存在 $x \in U_j \setminus \{0\}$ 使得

$$(x, x_k) = 0, \quad k = j + 1, j + 2, \cdots, n. \tag{7.1}$$

设 $z_1, z_2, \cdots, z_{n+1-j}$ 是 U_j 的基, 则对任何 $x \in U_j$ 有

$$x = \sum_{i=1}^{n+1-j} a_i z_i. \tag{7.2}$$

由于

$$\sum_{i=1}^{n+1-j} a_i (z_i, x_k) = 0, \quad k = j + 1, j + 2, \cdots, n$$

总是有非平凡解 $a_1, a_2, \cdots, a_{n+1-j}$, 故满足 (7.2) 式的 x 也满足 (7.1) 式. 而且满足 (7.2) 式的 x 还可以写成

$$x = \sum_{k=1}^{j} (x, x_k) x_k,$$

因此

$$(Ax, x) = \sum_{k=1}^{j} \lambda_k |(x, x_k)|^2 \geqslant \lambda_j \sum_{k=1}^{j} |(x, x_k)|^2 = \lambda_j (x, x).$$

即

$$\max_{x \in U_j, \|x\|_2 = 1} (Ax, x) \geqslant \lambda_j.$$

最后, 易知子空间

$$\widetilde{U}_j = \{x \in \mathbb{R}^n : x^{\mathrm{T}} x_k = 0, \ k = 1, 2, \cdots, j - 1\}$$

的维数为 $\dim \widetilde{U}_j = n + 1 - j$. 于是, 由 Rayleigh 定理有

$$\max_{x\in U_j,\|x\|_2=1}(Ax,x)=\lambda_j.$$

这就完成了定理的证明.   □

推论 7.1.1　设 $A\in\mathbb{R}^{n\times n}$ 对称, $\lambda_1\geqslant\lambda_2\geqslant\cdots\geqslant\lambda_n$ 为其特征值, $\widetilde{A}$ 为 A 的 $n-1$ 阶主子阵, $\beta_1\geqslant\beta_2\geqslant\cdots\geqslant\beta_{n-1}$ 为 $\widetilde{A}$ 的特征值, 则

$$\lambda_1\geqslant\beta_1\geqslant\lambda_2\geqslant\cdots\geqslant\beta_{n-1}\geqslant\lambda_n.$$

证明　记 $\widetilde{U}_j=\{u:(u,0)\in U_j\}$, 则

$$\max_{x\in U_j,\|x\|_2=1}(Ax,x)\geqslant\max_{(\tilde{x},0)\in U_j,\|x\|_2=1}(Ax,x).$$

亦即 $\lambda_j\geqslant\beta_j$.   □

推论 7.1.2　设 $A,B\in\mathbb{R}^{n\times n}$ 对称, 相应的特征值满足

$$\lambda_1(A)\geqslant\lambda_2(A)\geqslant\cdots\geqslant\lambda_n(A),$$

$$\lambda_1(B)\geqslant\lambda_2(B)\geqslant\cdots\geqslant\lambda_n(B),$$

则

$$|\lambda_j(A)-\lambda_j(B)|\leqslant\|A-B\|,\quad j=1,2,\cdots,n,$$

其中 $\|\cdot\|$ 为 $\mathbb{R}^n$ 中任意范数.

证明　容易知道, 对任何 $x\in\mathbb{R}^n$ 有

$$(Ax-Bx,x)\leqslant\|(A-B)x\|_2\|x\|_2\leqslant\|A-B\|_2\|x\|_2^2,$$

故

$$(Ax,x)\leqslant(Bx,x)+\|A-B\|_2\|x\|_2^2.$$

于是, 由定理 7.1.2 有

$$\lambda_j(A)\leqslant\lambda_j(B)+\|A-B\|_2,\quad j=1,2,\cdots,n.$$

类似地,

$$\lambda_j(B) \leqslant \lambda_j(A) + \|A - B\|_2, \quad j = 1, 2, \cdots, n.$$

从而

$$|\lambda_j(A) - \lambda_j(B)| \leqslant \|A - B\|_2.$$

由于对任何范数 $\|\cdot\|$ 都有

$$\|A - B\|_2 = \rho(A - B) \leqslant \|A - B\|,$$

故我们完成了推论之证明. □

推论 7.1.3 设 $A \in \mathbb{R}^{n \times n}$, 则

$$\frac{1}{\rho(A^{-1})} \geqslant \min_{1 \leqslant i \leqslant n} \left(|a_{ii}| - \sum_{k \neq i} |a_{ik}| \right).$$

当 A 对称, 还有

$$\rho(A) = \max_{\|x\|_2 = 1} (Ax, x),$$

$$\frac{1}{\rho(A^{-1})} = \min_{\|x\|_2 = 1} (Ax, x).$$

如下的圆盘定理给出了特征值的分布.

定理 7.1.3 (Gershgorin (格什戈林) 定理) 设 $A \in \mathbb{C}^{n \times n}$. 若记

$$G_i = \left\{ x \in \mathbb{C} : |x - a_{ii}| \leqslant \sum_{j \neq i}^{n} |a_{ij}| \right\}, \quad i = 1, 2, \cdots, n,$$

则有

$$\sigma(A) \subset G_1 \bigcup G_2 \bigcup \cdots \bigcup G_n.$$

证明 设 $D = \operatorname{diag} A$, 并记 $E = A - D$. 如果 $\lambda \in \sigma(A) \setminus \{a_{ii} : i = 1, 2, \cdots, n\}$, 那么 $D - \lambda I + E$ 是奇异矩阵. 于是, 存在 $x \in \mathbb{C}^n$ 使得

$$(D - \lambda I + E)x = 0,$$

或

$$x = -(D - \lambda I)^{-1}Ex,$$

这意味着

$$\|x\|_\infty \leqslant \|(D - \lambda I)^{-1}E\|_\infty \|x\|_\infty.$$

从而有

$$1 \leqslant \|(D - \lambda I)^{-1}E\|_\infty = \sum_{j=1, j \neq i}^{n} \frac{|a_{ij}|}{|x - a_{ii}|}.$$

这就完成了定理证明.   □

我们可视 Gershgorin 定理给出的是特征值的先验估计. 另一特征值的先验估计见本章问题 2. 如下的结论则可以作为特征值的后验估计.

定理 7.1.4　设 $A \in \mathbb{R}^{n \times n}$ 对称. 对任何 $(\tilde{\lambda}, \tilde{x}) \in \mathbb{R} \times \mathbb{R}^n$, 均有

$$\min_{\lambda \in \sigma(A)} |\tilde{\lambda} - \lambda| \leqslant \|A\tilde{x} - \tilde{\lambda}\tilde{x}\|_2 / \|\tilde{x}\|_2. \tag{7.3}$$

证明　因为 A 对称, 所以存在标准正交的特征向量 $\{x_j : j = 1, 2, \cdots, n\}$ 满足

$$Ax_j = \lambda_j x_j, \quad j = 1, 2, \cdots, n.$$

于是, $\mathbb{R}^n = \text{span}\,\{x_j : j = 1, 2, \cdots, n\}$ 且

$$\tilde{x} = \sum_{j=1}^{n} \alpha_j x_j,$$

其中 $\alpha_j = (\tilde{x}, x_j)(j = 1, 2, \cdots, n)$. 若记

$$\beta_j = |\alpha_j|^2 \bigg/ \sum_{l=1}^{n} |\alpha_l|^2,$$

则

$$\sum_{j=1}^{n} \beta_j = 1$$

且

$$\|A\tilde{x} - \tilde{\lambda}\tilde{x}\|_2^2 = \|\tilde{x}\|_2^2 \sum_{j=1}^{n} \beta_j(\lambda_j - \tilde{\lambda})^2.$$

这样我们即得定理之结论. □

矩阵对角化涉及特征值性质. 事实上, 我们有

定理 7.1.5 如果 $A \in \mathbb{R}^n$ 有 n 个不同的特征值, 那么存在一个相似变换矩阵 P, 使得 $P^{-1}AP = D, D = \mathrm{diag}(\lambda_1, \lambda_2, \cdots, \lambda_n)$. 一般地, A 可对角化当且仅当 A 有 n 个线性无关的特征向量.

7.2 幂法与反幂法

设 $A \in \mathbb{C}^{n \times n}$ 可对角化, 即存在 $\mathbb{C}^n$ 中一组标准正交基 $x_1, x_2, \cdots, x_n$ 使得

$$Ax_j = \lambda_j x_j, \quad j = 1, 2, \cdots, n,$$

其中 $\lambda_1, \lambda_2, \cdots, \lambda_n$ 为 A 的特征值. 这里, 我们假设

$$|\lambda_1| > |\lambda_2| \geqslant \cdots \geqslant |\lambda_n|. \tag{7.4}$$

可设计如下的幂法:

算法 7.2.1 给定 $x^{(0)} \in \mathbb{C}^n, \|x^{(0)}\|_\infty = 1$,
对 $k = 1, 2, \cdots$, 计算 $y^{(k)} = Ax^{(k-1)}$,
计算 $x^{(k)} = y^{(k)}/\|y^{(k)}\|_\infty$.

对算法 7.2.1, 在 (7.4) 式的假设下, 我们有

定理 7.2.1 设 $A \in \mathbb{C}^{n \times n}$ 的模最大的特征值 λ_1 是单的. 若 $x^{(0)} \in \mathbb{C}^n$ 在 λ_1 对应的特征子空间上的投影不为零, 则由算法 7.2.1 产生的序列 $\{x^{(k)}\}$ 收敛到 λ_1 的一个特征向量且 $\|Ax^{(k)}\|_\infty$ 收敛到 λ_1.

证明 由条件知 $x^{(0)} \in \mathbb{C}^n$ 是 x_1 的一个好的初始逼近: 存在 α_1, $\alpha_2, \cdots, \alpha_n \in \mathbb{C}$ 使得 $\alpha_1 \neq 0$ 且

$$x^{(0)} = \alpha_1 x_1 + \alpha_2 x_2 + \cdots + \alpha_n x_n.$$

注意到

$$A^k x^{(0)} = \sum_{j=1}^n \alpha_j A^k x_j = \sum_{j=1}^n \alpha_j \lambda_j^k x_j,$$

我们有

$$\frac{A^k x^{(0)}}{\alpha_1 \lambda_1^k} - x_1 = \sum_{j=2}^n \frac{\alpha_j}{\alpha_1} \left(\frac{\lambda_j}{\lambda_1}\right)^k x_j.$$

于是

$$\begin{aligned}
\left\|\frac{A^k x^{(0)}}{\alpha_1 \lambda_1^k} - x_1\right\|_2 &= \left\|\sum_{j=2}^n \frac{\alpha_j}{\alpha_1} \left(\frac{\lambda_j}{\lambda_1}\right)^k x_j\right\|_2 \\
&= \left(\sum_{j=2}^n \left(\frac{\alpha_j}{\alpha_1}\right)^2 \left(\frac{\lambda_j}{\lambda_1}\right)^{2k}\right)^{1/2} \\
&\leqslant \left|\frac{\lambda_2}{\lambda_1}\right|^k \left(\sum_{j=2}^n \left(\frac{\alpha_j}{\alpha_1}\right)^2\right)^{1/2} \\
&\leqslant C \left|\frac{\lambda_2}{\lambda_1}\right|^k,
\end{aligned}$$

其中

$$C = \left(\sum_{j=2}^n \left(\frac{\alpha_j}{\alpha_1}\right)^2\right)^{1/2}.$$

由 $|\lambda_1| > |\lambda_2|$ 即知

$$\lim_{k\to\infty} \frac{A^k x^{(0)}}{\alpha_1 \lambda_1^k} = x_1.$$

简单推导有

$$x^{(k)} = \frac{A^k x^{(0)}}{\|A^k x^{(0)}\|_\infty}.$$

这就完成了定理证明.   □

以上定理表明

$$\frac{A^k x^{(0)}}{\lambda_1^k}$$

是 A 的对于 λ_1 的特征向量一个很好的逼近. 注意到, λ_1^k 不改变向量 $A^k x^{(0)}$ 的方向. 尽管 λ_1 未知, 但是我们感兴趣的是特征向量的方向. 当 k 很大时, 计算 A^k 的工作量非常大, 实际计算中需要另寻他法.

将幂法应用于 A^{-1} 就得到如下的反幂法:

算法 7.2.2   给定 $x^{(0)} \in \mathbb{C}^n$, $\|x^{(0)}\|_\infty = 1$,
对 $k = 1, 2, \cdots$, 求 $y^{(k)} \in \mathbb{R}^n$ 满足 $Ay^{(k)} = x^{(k-1)}$,
计算 $x^{(k)} = y^{(k)} / \|y^{(k)}\|_\infty$.

在实际应用中, 反幂法主要用来求模最小的特征值及其相应的特征向量. 最常用到的是带位移的反幂法: 当得到 A 的某特征值—近似 $\tilde\lambda$ 时, 将反幂法应用于 $A - \tilde\lambda I$ 上得到该特征值对应的特征向量的逼近. 需要注意的是: 幂法是多项式迭代, 而 (带位移的) 反幂法是有理多项式迭代.

7.3 Householder 变换与 Householder 算法

我们知道最简单的矩阵有对角阵, 次最简单的矩阵是三对角阵、上 (下) 三角形矩阵、(上) Hessenberg 矩阵和 Jordan (若尔当) 矩阵. 所

谓 (上) Hessenberg 矩阵是 (下) 次对角线以下元素均为零的矩阵. 无疑, 这些特殊矩阵的特征值计算要比一般矩阵的特征值计算简单许多. 如定理 7.1.5 所述, 若存在相似变换将之化为对角阵, 则 A 的特征值便可由此得到. 因此, 我们将讨论如何将一般矩阵变换成上述特殊矩阵.

定理 7.3.1 对 $A \in \mathbb{C}^{n \times n}$, 存在可逆阵 P 使得 $P^{-1}AP = J$, 其中 J 为 Jordan 矩阵, $J = \mathrm{diag}(J_1, J_2, \cdots, J_n)$, 而

$$
J_i = \begin{pmatrix}
\lambda_i & 1 & \cdots & 0 & 0 \\
0 & \lambda_i & \cdots & 0 & 0 \\
\vdots & \vdots & & \vdots & \vdots \\
0 & 0 & \cdots & \lambda_i & 1 \\
0 & 0 & \cdots & 0 & \lambda_i
\end{pmatrix}_{n_i \times n_i}.
$$

运用定理 7.1.5 和定理 7.3.1 的缺点是: 需要求 P 及其逆矩阵. 事实上, 我们还可通过某些正交变换或酉变换达到类似的结果.

定理 7.3.2 (Schur (舒尔) 定理) 任何 $A \in \mathbb{C}^{n \times n}$, 都存在酉变换 (酉矩阵) Q 使得

$$
Q^* A Q = T,
$$

其中 T 是一个上三角形矩阵, Q^* 为 Q 的共轭转置.

当然, 要找到这种酉变换也不是一件容易的事. 我们有 Jacobi 方法、Givens (吉文斯) 方法和 Householder (豪斯霍尔德) 变换等来获得酉变换. 下面我们只考虑如何将实对称矩阵 A 通过一些正交阵变换化为简单矩阵的情形.

Jacobi 方法的策略是找正交阵序列 $\{S_k\}$ 使得

$$
\lim_{k \to \infty} S_1 \cdots S_k = Q,
$$

且 $Q^{\mathrm{T}} A Q$ 为对角阵, 其中 S_k 是平面旋转矩阵, 而 Q 为正交阵. 在 Jacobi

方法中, $S_k = S(p,q)$ 具有这样的功能: 通过计算 $T_k = S_k^{\mathrm{T}} T_{k-1} S_k$ 仅使 T_{k-1} 中第 p 行第 q 列, 第 p 列第 q 行的元素发生变化, 即使 (p,q) 和 (q,p) 处元素为零. Jacobi 方法一次迭代可把非对角元素变为零, 但下一步它有可能把零元也变为非零元素. 与 Jacobi 方法相比, Givens 方法则安排计算顺序, 在保持已变为零元素处的元素不变同时, 将其他非对角线和非次对角线上的元素变为零.

Jacobi 方法需要进行无限次迭代才能得到所需的正交阵. Givens 方法和 Householder 变换都是有限次迭代法, 其基本原理是用正交阵将实矩阵 A 变为一个 Hessenberg 矩阵 (当 A 对称时即为三对角阵). Givens 方法乘除运算总次数为 $\frac{4}{3}n^3$. Householder 变换是用正交变换逐步地将对称阵化为三对角对称阵, 它在每一步约化时可同时将某一行及某一列的元素除主对角线及对称的两条次对角线上的元素以外的元素化为零. 整个约化过程中乘除法运算总次数为 $\frac{2}{3}n^3$, 比 Givens 方法减少一半的计算量.

这里我们具体地介绍 Householder 变换与 Householder 算法. Jacobi 方法、Givens 方法和 Householder 变换更多的讨论可参见 [14,23,25].

设 $\nu \in \mathbb{R}^n$ 满足 $\nu^{\mathrm{T}}\nu = 1$, 则 $P = I - 2\nu\nu^{\mathrm{T}}$ 是对称正交阵,

$$P^{\mathrm{T}}P = \left(I - 2\nu\nu^{\mathrm{T}}\right)^{\mathrm{T}}(I - 2\nu\nu^{\mathrm{T}}) = I.$$

我们给出正交阵 P 作用的几何意义. 考虑以 ν 为法向量的过原点的超平面 S:

$$S = \{x \in \mathbb{R}^n : \nu^{\mathrm{T}}x = 0\}.$$

任何 $w \in \mathbb{R}^n$, 存在如下分解: $w = x + y$, 其中 $x \in S, y \in S^{\perp}$, 即

$$y = \|y\|_2\nu.$$

于是

$$Px = (I - 2\nu\nu^{\mathrm{T}})x = x - 2\nu\nu^{\mathrm{T}}x = x,$$
$$Py = (I - 2\nu\nu^{\mathrm{T}})y = \|y\|_2\nu - 2\nu\nu^{\mathrm{T}}\|y\|_2\nu = -\|y\|_2\nu = -y.$$

从而

$$Pw = x - y = w',$$

这里 w' 是 w 关于平面 S 的镜面反射. 因此, 称 P 为**初等反射阵**.

命题 7.3.1　设 x,y 为两个不同的 n 维向量且 $\|x\|_2 = \|y\|_2$, 则存在初等反射阵 P 使

$$Px = y.$$

证明　令 $\nu = \dfrac{x-y}{\|x-y\|_2}$, 则

$$P = I - 2\nu\nu^{\mathrm{T}} = I - 2\frac{(x-y)(x^{\mathrm{T}}-y^{\mathrm{T}})}{\|x-y\|_2^2}.$$

不难知道, $\|x\|_2 = \|y\|_2$ 蕴含了 $\|x-y\|_2^2 = 2(x^{\mathrm{T}}x - y^{\mathrm{T}}x)$, 故

$$Px = x - 2\frac{(x-y)(x^{\mathrm{T}}x - y^{\mathrm{T}}x)}{\|x-y\|_2^2} = x - (x-y) = y.$$

证毕.　　　　　　　　　　　　　　　　　　　　　　　　　　$\square$

推论 7.3.1　设 $a_1 \neq 0$, 记 $x = (a_1, a_2, \cdots, a_n)^{\mathrm{T}}, \sigma = \mathrm{sign}(a_1)\|x\|_2$. 若 $x \neq -\sigma e_1$, 则存在 ν 使得由它产生的初等反射阵 P 满足

$$Px = -\sigma e_1,$$

即把 x 的除第一个分量外其他分量都变为零, 这里 $e_1 = (1, 0, \cdots, 0)^{\mathrm{T}}$.

证明　由于 $\|x\|_2 = |\sigma| = \|-\sigma e_1\|_2$, 故由命题 7.3.1 证明知, 我们若取

$$\nu = \frac{x + \sigma e_1}{\|x + \sigma e_1\|_2},$$

则相应的初等反射阵

$$P = I - 2\nu\nu^{\mathrm{T}}$$

满足 $Px = -\sigma e_1$. □

注记 7.3.1 取

$$\nu = \frac{(a_1 + \sigma, a_2, \cdots, a_n)^{\mathrm{T}}}{\|x + \sigma e_1\|_2},$$

而 $\sigma = \mathrm{sign}(a_1)\|x\|_2$ 是为了避免计算 $a_1 + \sigma$ 时损失有效数字.

定理 7.3.3 若 $A \in \mathbb{R}^{n \times n}$ 对称, 则存在正交阵 $U_1, U_2, \cdots, U_{n-2}$ 使得

$$U_{n-2} \cdots U_2 U_1 A U_1 U_2 \cdots U_{n-2}$$

为三对角对称阵.

证明 根据上面的推论可逐步地用初等反射阵来约化对称阵 A. 设

$$A \equiv A_1 = \begin{pmatrix} a_{11} & a_{12} & \cdots & a_{1n} \\ a_{21} & a_{22} & \cdots & a_{2n} \\ \vdots & \vdots & & \vdots \\ a_{n1} & a_{n2} & \cdots & a_{nn} \end{pmatrix} = \begin{pmatrix} a_{11} & \left(a_{21}^{(1)}\right)^{\mathrm{T}} \\ a_{21}^{(1)} & A^{(1)} \end{pmatrix},$$

其中 $A^{(1)}$ 是由 A_1 右下角的元素组成的 $n-1$ 阶方阵, $a_{21}^{(1)} = (a_{21}, a_{31}, \cdots, a_{n1})^{\mathrm{T}}$. 不妨设 $a_{21}^{(1)} \neq 0$, 否则这一步不需要转化. 取反射阵

$$P_1 = I - 2\nu_1\nu_1^{\mathrm{T}},$$

其中

$$\nu_1 = \frac{a_{21}^{(1)} + \sigma^{(1)}\tilde{e}_1}{\|a_{21}^{(1)} + \sigma^{(1)}e_1\|_2}, \quad \sigma^{(1)} = \mathrm{sign}(a_{21})\|a_{21}^{(1)}\|_2,$$

而 $\tilde{e}_1$ 为第 1 个分量为 1, 其他分量为零的 $n-1$ 维向量. 由推论 7.3.1 知

$$P_1 a_{21}^{(1)} = -\sigma^{(1)} \tilde{e}_1 = -(\sigma^{(1)}, 0, \cdots, 0)^{\mathrm{T}}.$$

令

$$U_1 = \begin{pmatrix} 1 & 0 \\ 0 & P_1 \end{pmatrix},$$

则

$$U_1 A_1 U_1 = \begin{pmatrix} a_{11} & (a_{21}^{(1)})^{\mathrm{T}} P_1 \\ P_1 a_{21}^{(1)} & P_1 A^{(1)} P_1 \end{pmatrix}.$$

记 $A_2 = U_1 A U_1$, 则 A_2 中第一行与第一列中除主次对角线元素外其他均为零. 再将 $P_1 A^{(1)} P_1$ 写成

$$P_1 A^{(1)} P_1 = \begin{pmatrix} a_{22}^{(1)} & (a_{32}^{(2)})^{\mathrm{T}} \\ a_{32}^{(2)} & A^{(2)} \end{pmatrix},$$

其中 $A^{(2)}$ 为 $n-2$ 阶方阵且

$$A_2 = \begin{pmatrix} a_{11} & -\sigma^{(1)} & 0 \\ -\sigma^{(1)} & a_{22}^{(2)} & (a_{32}^{(2)})^{\mathrm{T}} \\ 0 & a_{32}^{(2)} & A^{(2)} \end{pmatrix}.$$

一般地, 对任何 $k = 1, 2, \cdots, n-2$, 存在 P_k 为 $n-k$ 阶初等反射阵使得

$$U_k = \begin{pmatrix} I_k & 0 \\ 0 & P_k \end{pmatrix}$$

满足

$$A_{k+1} = U_k A_k U_k = \begin{pmatrix} B_k & \alpha_k & 0 \\ \alpha_k^{\mathrm{T}} & & \\ 0 & & P_k A^{(k)} P_k \end{pmatrix},$$

其中 $\alpha_k = (0, 0, \cdots, 0, -\sigma^{(k)})^{\mathrm{T}}$ 为 k 维向量, $A^{(k)}$ 为 $n-k$ 阶方阵, 而

$$B_k = \begin{pmatrix} a_{11} & -\sigma^{(1)} & 0 & \cdots & 0 & 0 \\ -\sigma^{(1)} & a_{22}^{(2)} & -\sigma^{(2)} & \cdots & 0 & 0 \\ 0 & -\sigma^{(2)} & a_{33}^{(3)} & \cdots & 0 & 0 \\ \vdots & \vdots & \vdots & & \vdots & \vdots \\ 0 & 0 & 0 & \cdots & a_{k-1,k-1}^{(k-1)} & -\sigma^{(k-1)} \\ 0 & 0 & 0 & \cdots & -\sigma^{(k-1)} & a_{kk}^{(k)} \end{pmatrix}.$$

特别地,

$$A_{n-1} = U_{n-2}A_{n-2}U_{n-2} = \cdots = U_{n-2}U_{n-3}\cdots U_1 A U_1 \cdots U_{n-3}U_{n-2}$$

为三对角对称阵. $\qquad\qquad\square$

推论 7.3.2 对任何 $A \in \mathbb{R}^{n \times n}$, 存在正交阵 $U_1, U_2, \cdots, U_{n-1}$ 使得

$$U_{n-1}\cdots U_2 U_1 A = R$$

为上三角形矩阵, 从而 $A = QR$, 其中 $Q = (U_{n-1}\cdots U_2 U_1)^{\mathrm{T}}$.

证明 参见定理 7.3.3 之证明, 用数学归纳法证明之. $\qquad\qquad\square$

定义 7.3.1 次对角线以下的元素均为零的矩阵为 Hessenberg 矩阵, 即 Hessenberg 矩阵具有如下形式

$$H = \begin{pmatrix} * & * & * & \cdots & * & * & * \\ * & * & * & \cdots & * & * & * \\ 0 & * & * & \cdots & * & * & * \\ \vdots & \vdots & \vdots & & \vdots & \vdots & \vdots \\ 0 & 0 & 0 & \cdots & * & * & * \\ 0 & 0 & 0 & \cdots & 0 & * & * \end{pmatrix}.$$

更一般地, 我们有

定理 7.3.4 对任何 $A \in \mathbb{C}^{n \times n}$, 存在矩阵 $H_1, H_2, \cdots, H_{n-2}$ 使得

Q^*AQ 是 Hessenberg 矩阵, 其中 $Q = H_{n-2} \cdots H_2 H_1$.

利用 Givens 变换或 Householder 变换可将对称阵变成三对称
阵. 接下来我们将讨论三对角对称阵的特征值的数值计算. 设 A 是三对
角对称阵, 即

$$A = \begin{pmatrix} a_1 & b_2 & \cdots & 0 & 0 \\ b_2 & a_2 & \cdots & 0 & 0 \\ \vdots & \vdots & & \vdots & \vdots \\ 0 & 0 & \cdots & a_{n-1} & b_n \\ 0 & 0 & \cdots & b_n & a_n \end{pmatrix}.$$

进一步假设 $b_i \neq 0 (i = 2, 3, \cdots, n)$. 否则, A 可以分解成两个较低
维数的矩阵.

设 T_k 代表 A 的第 k 个顺序主子阵, 即

$$T_k = \begin{pmatrix} a_1 & b_2 & \cdots & 0 & 0 \\ b_2 & a_2 & \cdots & 0 & 0 \\ \vdots & \vdots & & \vdots & \vdots \\ 0 & 0 & \cdots & a_{k-1} & b_k \\ 0 & 0 & \cdots & b_k & a_k \end{pmatrix}.$$

记 $P_k(\lambda) = \det(T_k - \lambda I)$, 并规定 $P_0(\lambda) = 1, P_{-1}(\lambda) = 0, b_1 = 1$. 我
们知道 A 的特征值问题就是求解 $P_n(\lambda) = 0$ 的根. 简单的推导可得到如
下的结论.

命题 7.3.2　成立

$$P_k(\lambda) = (a_k - \lambda)P_{k-1}(\lambda) - b_k^2 P_{k-2}(\lambda), \quad k = 1, 2, \cdots, n. \tag{7.5}$$

定理 7.3.5　多项式序列 $\{P_k(\lambda)\}_{k=0}^n$ 中任意两个相邻的多项式不
可能有公共零点.

证明 用反证法. 假设对某个 $k > 1$ 和 λ^* 有

$$P_k(\lambda^*) = P_{k-1}(\lambda^*) = 0,$$

则由 (7.5) 式及 $b_i \neq 0 (i = 2, 3, \cdots, n)$ 有

$$P_{k-2}(\lambda^*) = P_{k-3}(\lambda^*) = \cdots = P_0(\lambda^*) = 0.$$

这与 $P_0(\lambda) = 1$ 矛盾.　　　　　　　　　　　　　　　　□

推论 7.3.3　若 $\lambda_1 \geqslant \lambda_2 \geqslant \cdots \geqslant \lambda_{k+1}$ 和 $\mu_1 \geqslant \mu_2 \geqslant \cdots \geqslant \mu_k$ 分别是 T_{k+1} 和 T_k 的特征值, 则必有

$$\lambda_1 > \mu_1 > \lambda_2 > \cdots > \mu_k > \lambda_{k+1}.$$

证明　由定理 7.3.5 和推论 7.1.1 归纳即得.　　　　　　□

这个推论表明 A 的相邻两个主子阵的特征值一定严格交错. 于是, 我们有

推论 7.3.4　若 $A \in \mathbb{R}^{n \times n}$ 为三对角对称阵且 $b_i \neq 0 (i = 2, 3, \cdots, n)$, 则 A 的所有特征值都两两不相同.

利用数学归纳法与推论 7.3.3, 我们得到

定理 7.3.6　设 $\{P_k(\lambda)\}_{k=0}^n$ 是由 (7.5) 式产生的多项式序列, $\lambda^* \in \mathbb{R}, S(\lambda^*)$ 为 $\{P_k(\lambda^*)\}_{k=0}^n$ 中两个相邻多项式间数同号的次数. 那么在 $\lambda > \lambda^*$ 内 $P_n(\lambda) = 0$ 有 $S(\lambda^*)$ 个根. (如果对某一个 k 有 $P_k(\lambda^*) = 0$, 则规定 $P_k(\lambda^*)$ 与 $P_{k-1}(\lambda^*)$ 反号.)

求对称阵 A 的特征值的 Householder 算法为

算法 7.3.1　(1) 把 A 正交相似地变换为三对角对称阵. 如果有一个 $b_i = 0$, 那么问题可化成较低阶问题.

(2) 给定 $(\alpha, \beta]$, 假定要求出 $(\alpha, \beta]$ 内 A 的所有特征值. 如果要求全部特征值, 那么可以用 Gershgorin 定理估计出 $(\alpha, \beta]$.

(3) 由定理 7.3.6 判断出 $(\alpha, \beta]$ 区间中包含 A 的特征值的个数, 再将 $(\alpha, \beta]$ 一分为二, 并记 $\gamma = \dfrac{\alpha + \beta}{2}$, 求出 $(\alpha, \gamma]$ 和 $(\alpha, \beta]$ 之间的特征值个数. 依次把区间一分为二. 这样便可以求出任何一个子区间中特征值的个数, 直到小区间的长度小于指定误差限. 于是就得到了一个 (或几个重) 特征值逼近.

7.4　QR 算法

上三角形矩阵是简单矩阵, 其对角元素就是它的特征值. 因此, 可将要求特征值的矩阵先化成上三角形矩阵. QR 算法是求矩阵 A 的特征值近似的典型算法, 它就是通过化矩阵为上三角形矩阵而得到矩阵 A 的特征值近似的算法. 设 $A \in \mathbb{R}^{n \times n}$,

对 $A = A_1$ 进行 QR 分解: $A_1 = Q_1 R_1$, 并记 $A_2 = R_1 Q_1 = Q_1^{-1} A_1 Q_1$;

对 A_2 进行 QR 分解: $A_2 = Q_2 R_2$, 并记 $A_3 = R_2 Q_2 = Q_2^{-1} A_2 Q_2$;

......

如此进行下去得到 $A_k = Q_k R_k$,

$$A_{k+1} = R_k Q_k = Q_k^{-1} A_k Q_k = Q_k^{-1} \cdots Q_1^{-1} A Q_1 \cdots Q_k = E_k^{-1} A E_k,$$

其中 Q_k 为正交阵, R_k 为上三角形矩阵, $E_k = Q_1 Q_2 \cdots Q_k$.

定理 7.4.1　如果 $\lim\limits_{k \to \infty} E_k$ 存在, 那么 $\lim\limits_{k \to \infty} A_k$ 也存在且为上三角形矩阵.

证明　记 $E_\infty = \lim\limits_{k \to \infty} E_k$. 由 $E_k^{\mathrm{T}} E_k = I$ 知 $E_\infty^{\mathrm{T}} E_\infty = I$ 且

$$\lim_{k\to\infty} Q_k = \lim_{k\to\infty} E_{k-1}^{-1} E_k = I$$

存在. 于是

$$R_\infty = \lim_{k\to\infty} R_k = \lim_{k\to\infty} (A_{k+1} Q_k^{-1})$$

$$= \lim_{k\to\infty} E_k^{-1} A E_k Q_k^{-1} = E_\infty^{-1} A E_\infty$$

亦存在. 由于 R_k 为上三角形矩阵, 故 R_∞ 也为上三角形矩阵. 从而

$$A_\infty = \lim_{k\to\infty} A_k = \lim_{k\to\infty} Q_k R_k = R_\infty$$

存在且为上三角形矩阵. □

我们还有如下结论 (证明见 [14]):

定理 7.4.2 设 $A \in \mathbb{C}^n$ 是可对角化矩阵, 其特征值为 $|\lambda_1| > |\lambda_2| > \cdots > |\lambda_n|$, 相应的特征值向量是 $x_1, x_2, \cdots, x_n$. 假设

$$\text{span}\{e_1, e_2, \cdots, e_m\} \bigcap \text{span}\{x_{m+1}, \cdots, x_n\} = \{0\}$$

对 $m = 1, 2, \cdots, n-1$ 成立. 若记 $A_k = (a_{ij}^{(k)})$ 为由 QR 算法得到的矩阵, 则

$$\lim_{k\to\infty} a_{ij}^{(k)} = 0, \quad 1 < i < j \leqslant n,$$

$$\lim_{k\to\infty} a_{jj}^{(k)} = \lambda_j, \quad j = 1, 2, \cdots, n.$$

7.5 Lanczos 过程与 Lanczos 算法

如前所述, Householder 变换可以把一个对称阵正交相似变换为一个三对角对称阵. 但当矩阵 A 是大型稀疏矩阵时, Householder 变换会破坏其稀疏性, 出现大量非零元素, 造成贮存空间大量增加. 而 Lanczos 过程在整个计算过程中保持 A 稀疏性不变, 只需添加少许附加贮存空间

就可以完成.

注意到 Arnoldi 过程或 Lanczos 过程是在 Krylov 子空间中找标准正交基而使得相应的正交阵可将原矩阵化为上 Hessenberg 矩阵或三对角对称阵. 最原始的 Arnoldi 过程就是标准的 Gram-Schmidt 正交化过程. 事实上, 当标准的 Gram-Schmidt 正交化过程运用所谓的改良的 Gram-Schmidt 正交化 (modified Gram-Schmidt) 来代替时, 计算则要稳定得多, 尽管数学上是等价的 (详见 [18]). 下面只讨论对称情况, 即 Lanczos 过程.

设 $A \in \mathbb{R}^{n \times n}$ 对称, 寻找正交阵 $Q = (q_1, q_2, \cdots, q_n)$ 使得 $Q^{\mathrm{T}} A Q = T$ 为三对角对称阵:

$$T = \begin{pmatrix} \alpha_1 & \beta_1 & \cdots & 0 & 0 \\ \beta_1 & \alpha_2 & \cdots & 0 & 0 \\ \vdots & \vdots & & \vdots & \vdots \\ 0 & 0 & \cdots & \alpha_{n-1} & \beta_{n-1} \\ 0 & 0 & \cdots & \beta_{n-1} & \alpha_n \end{pmatrix}.$$

由 $A(q_1, q_2, \cdots, q_n) = (q_1, q_2, \cdots, q_n)T$ 及条件 $Q^{\mathrm{T}} Q = I$ 与满足 $\|q_1\|_2 = 1$ 的任意 q_1 通过正交化逐次得到 q_k. 这便是著名的 Lanczos 过程.

Lanczos 过程: 给定任何满足 $\|q_1\|_2 = 1$ 的 $q_1 \in \mathbb{R}^n$.

记 $\alpha_1 = (q_1, Aq_1), r_1 = Aq_1 - \alpha_1 q_1 \in K_n(A, q_1)$. 设 $r_1 \neq 0$.

记 $\beta_1 = \|r_1\|_2$, 则 $q_2 = r_1/\beta_1 \in \mathrm{span}\{q_1, Aq_1\}$.

记 $\alpha_2 = (q_2, Aq_2)$.

设 $q_1, \cdots, q_j, \alpha_1, \cdots, \alpha_j, \beta_1, \cdots, \beta_{j-1}$ 已求出, 且满足

$(q_l, q_k) = \delta_{lk}, k, l = 1, 2, \cdots, j,$

$q_k \in \mathrm{span}\{q_1, Aq_1, \cdots, A^{k-1}q_1\}.$

记 $r_j = Aq_j - \alpha_j q_j - \beta_{j-1} q_{j-1}$. 若 $r_j \neq 0$, 则

$$\beta_j = \|r_j\|_2,$$

$$q_{j+1} = r_j/\beta_j, \alpha_{j+1} = (q_{j+1}, Aq_{j+1}), \quad j = 1, 2, \cdots, n-1.$$

我们把上述的 Lanczos 过程用矩阵语言表达就得到如下的命题:

命题 7.5.1 设 $A \in \mathbb{R}^{n \times n}$ 对称. 若 $Q_m = (q_1, q_2, \cdots, q_m)$ 是由 Lanczos 过程所得, 则

$$AQ_m = Q_m T_m + r_m e_m^{\mathrm{T}},$$

其中 $e_m = (0, 0, \cdots, 0, 1)^{\mathrm{T}} \in \mathbb{R}^m, r_m = \beta_m q_{m+1},$ 而

$$T_m = \begin{pmatrix} \alpha_1 & \beta_1 & \cdots & 0 & 0 \\ \beta_1 & \alpha_2 & \cdots & 0 & 0 \\ \vdots & \vdots & & \vdots & \vdots \\ 0 & 0 & \cdots & \alpha_{m-1} & \beta_{m-1} \\ 0 & 0 & \cdots & \beta_{m-1} & \alpha_m \end{pmatrix}.$$

进一步, 我们还有 [27]

命题 7.5.2 若 T_m 有特征值 $\lambda^{(1)} \leqslant \lambda^{(2)} \leqslant \cdots \leqslant \lambda^{(m)},$ 相应特征向量为 $y_1, y_2, \cdots, y_m,$ 则对任何 $j = 1, 2, \cdots, m,$ 存在 $\lambda_j \in \sigma(A),$ 使得

$$|\lambda_j - \lambda^{(j)}| \leqslant |\beta_m||y_j^{\mathrm{T}} e_m|.$$

Lanczos 过程的优点:

(1) 保持原矩阵 A 的稀疏性;

(2) Lanczos 过程产生的 $\{q_j\}$ 自动正交;

(3) 若 A 的特征值区间两端的特征值分离性好, 则迭代步数 $m \ll n$ 时, T_m 的特征值内就有该特征值很好的逼近;

(4) Lanczos 现象: 当 $m \gg n$ 时, T_m 中含有 A 的所有相异的特征值, 但此时

$$\dim\{q_1, Aq_1, \cdots, A^{m-1}q_1\} = n.$$

Lanczos 过程的缺点:

(1) $r_j = 0$ 时中断;

(2) 实际计算时, 迭代过程中正交性容易很快丢失. 如果不采取重新正交化手段, 那么容易出现幽幻特征值现象: 即 T_m 的多重特征值对应于 A 的单特征值或 T_m 的单特征值对应于 A 的多重特征值.

如下是 Lanczos 算法:

算法 7.5.1　第一步, 利用 Lanczos 迭代产生一列三对角对称阵 T_m (假设没有发生中断)$(m = 1, 2, \cdots, n)$.

第二步, 利用其他求解特征值的方法得到 T_m 的特征值.

第三步, 再适当增加 m 到 m', 求得 $T_{m'}$ 的特征值, 比较 $T_{m'}$ 与 T_m 相应的特征值. 若小于给定误差, 则接受. 反之, 重复第三步.

第四步, 如果对应的特征向量亦需要, 则对第二步选定的每一个特征值 μ, 求对应 μ 的 z:

$$T_m u = \mu u, \quad z = Q_m u.$$

在第二步中可以运用二分法、QR 算法以及 Householder 算法、幂法. 幂法通常用来求最大、最小特征值; QR 算法用来求两端特征值, 而 Householder 算法用来求中间特征值.

7.6　Davidson 方法与 Jacobi-Davidson 方法

本节我们将扼要地介绍 Davidson (戴维森) 方法与 Jacobi-Davidson 方法. 更多细节和讨论可参考 [8] 及其所引文献. 设 $K_m \subset \mathbb{R}^n$ 是 m 维搜索子空间, $Q_m = (q_1, q_2, \cdots, q_m)$ 是 $n \times m$ 矩阵, 其列向量 $q_1, q_2, \cdots, q_m$ 构成 K_m 的标准正交基.

定义 7.6.1 如果 $(\lambda, z) \in \mathbb{R} \times \mathbb{R}^n$ 满足 $z \neq 0$ 且

$$(A - \lambda I)z \perp K_m,$$

即

$$((A - \lambda I)z, v) = 0, \quad \forall v \in K_m,$$

那么称 (λ, z) 是 A 关于 K_m 的 **Ritz 对**, 其中 λ 为 **Ritz 值**, 而 z 为 **Ritz 向量**.

Davidson 方法是预优化的 Lanczos 算法:

算法 7.6.1 选取初始单位向量 q_1.

对于 $j = 1, 2, \cdots, m$, 已有 $q_1, q_2, \cdots, q_m$.

计算 $T_j = Q_j^{\mathrm{T}} A Q_j$ 的最大特征值 $\lambda^{(j)}$: 寻找 $y_j \in K_j$, $y_j \neq 0$ 满足 $T_j y_j = \lambda^{(j)} y_j$.

计算 Ritz 向量 $z_j = Q_j y_j$ 及相应的残量 $r_j = A z_j - \lambda^{(j)} z_j$.

计算 $t_j = M_j r_j$ (如果 $j = m$, 停止), 其中 M_j 为 A 的预条件子.

利用改良的 Gram-Schmidt 方法将 t_j 与 Q_j 正交 (即与 $(q_1, q_2, \cdots, q_j)$ 正交, 按 $(A \cdot, \cdot)$ 或 $(\cdot, \cdot)$ 均可) 得到新的 Q_{j+1}.

如果 $j + 1 = m$, 则停止.

Jacobi-Davidson 方法的核心是近似地求解校正方程, 是一种 Newton 法.

在本节最后, 我们介绍如何在 $K_m(A, q_1)$ 中通过 Gram-Schmidt 正交化或改良的 Gram-Schmidt 正交化得到正交阵 $Q_m = (q_1, q_2, \cdots, q_m)$ 或 $K_m(A, q_1) = \mathrm{span}\{q_1, q_2, \cdots, q_m\}$, 其中 $q_1 = v_1 / \|v_1\|_2$.

Gram-Schmidt 正交化:

计算 $r_{11} := \|v_1\|_2$. 若 $r_{11} = 0$, 则停止; 反之, $q_1 := v_1 / r_{11}$.

对于 $j = 2, 3, \cdots, m$, 计算

$$r_{ij} := (v_j, q_i), \ i = 1, 2, \cdots, j-1,$$

$$\hat{q} = v_j - \sum_{i=1}^{j-1} r_{ij} q_i,$$

$$r_{jj} = \|\hat{q}\|_2,$$

若 $r_{jj} = 0$, 则停止; 反之, $q_j := \hat{q}/r_{jj}$.

结束计算.

命题 7.6.1　对于 Gram-Schmidt 正交化, 有 $v_j = \sum\limits_{i=1}^{j} r_{ij} q_i$. 若记 $V = (v_1, v_2, \cdots, v_m)$, $Q = (q_1, q_2, \cdots, q_m)$, $R = (r_{ij})$, 则 R 为 $m \times m$ 上三角形矩阵且 $V = QR$ (亦即 QR 分解).

改良的 Gram-Schmidt 正交化:

记 $r_{11} := \|v_1\|_2$. 若 $r_{11} = 0$, 则停止; 反之, $q_1 := v_1/r_{11}$.

对于 $j = 2, 3, \cdots, m$, 计算

$$\hat{q} := v_j$$

对于 $i = 1, 2, \cdots, j-1$, 计算

$$r_{ij} = (\hat{q}, q_i),$$

$$\hat{q} = \hat{q} - r_{ij} q_i,$$

结束计算.

$$r_{jj} := \|\hat{q}\|_2.$$

若 $r_{jj} = 0$, 则停止; 反之, $q_j := \hat{q}/r_{jj}$.

结束计算.

注记 7.6.1　实现 QR 分解的方法包括 Householder 正交化、Gram-Schmidt 正交化以及改良的 Gram-Schmidt 正交化等. 改良的 Gram-Schmidt 正交化得到与 Gram-Schmidt 正交化相同的数学结果. 虽然它们在数学上等价, 但是改良的 Gram-Schmidt 正交化更受欢迎, 因为它

需要的存储较少. 在遇到 $v_1, v_2, \cdots, v_m$ 中某些向量接近平行时, 改良的 Gram-Schmidt 正交化所得到的结果比 Gram-Schmidt 正交化得到的结果更接近于正交.

问 题

1. 设 $A \in \mathbb{C}^{n \times n}$ 且 $\sigma(A) = \{\lambda_1, \lambda_2, \cdots, \lambda_n\}$. 试证明: 若 x 和 y 是两个 n 维列向量且满足 $Ax = \lambda_1 x$, 则

$$\sigma(A + xy^{\mathrm{T}}) = \{\lambda_1 + y^{\mathrm{T}}x, \lambda_2, \cdots, \lambda_n\}.$$

2. 设 $A \in \mathbb{C}^{n \times n}$ 可对角化并满足

$$Ax_j = \lambda_j x_j, \quad j = 1, 2, \cdots, n,$$

其中 $x_j \in \mathbb{C}^n, \lambda_j \in \sigma(A), j = 1, 2, \cdots, n$. 试证明 Bauer-Fike (鲍尔–菲克) 定理: 给定 $E \in \mathbb{C}^n$, 如果 $\mu \in \sigma(A + E)$, 那么

$$\min_{\lambda \in \sigma(A)} |\lambda - \mu| \leqslant \kappa_2(X) \|E\|_2,$$

其中 $X = (x_1, x_2, \cdots, x_n)$.

3. 能否构造合适的有理多项式迭代, 又快又好地求解特征值问题?

4. 试运用 Newton 法求解特征值问题.

5. 试证明定理 7.3.6.

6. 设 A 是具有重特征值的对称阵. 试证明: A 的 Lanczos 过程必会中断.

索　引

参 考 文 献

[1] BAPAT R B, RAGHAVAN T E S. Nonnegative Matrices and Applications. New York: Cambridge University Press, 1997.

[2] BERMAN A, PLEMMONS R J. Nonnegative Matrices in the Mathematical Sciences. Philadelphia: SIAM, 1994.

[3] BRAMBLE J H, XU J. Some estimates for a weighted L^2 projection. Math. Comput., 1991, 56: 463-476.

[4] 蔡大用, 白峰杉. 高等数值分析. 北京: 清华大学出版社, 1997.

[5] CANUTO C, QUARTERONI A. Approximation results for orthogonal polynomials in Sobolev spaces. Math. Comput., 1982, 38: 67-86.

[6] CHENEY E W. Introduction to Approximation Theory. New York: McGraw-Hill, 1966.

[7] 戴华. 矩阵论. 北京: 科学出版社, 2001.

[8] 戴小英, 高兴誉, 周爱辉. 特征值问题的 Davidson 型方法及其实现技术. 数值计算与计算机应用, 2006, 3: 218-240.

[9] DEUFLHARD P. Newton Methods for Nonlinear Problems. Berlin: Springer-Verlag, 2004.

[10] 丁玖, 周爱辉. 确定性系统的统计性质. 北京: 清华大学出版社, 2008.

[11] DING J, ZHOU A. Nonnegative Matrices, Positive Operators, and Applications. New Jersey: World Scientific, 2009.

[12] HORN R A, JOHNSON C R. Matrix Analysis. Cambridge, UK: Cambridge University Press, 1985.

[13] 华罗庚, 王元. 数论在近似分析中的应用. 北京: 科学出版社, 1978.

[14] KRESS R. Numerical Analysis. New York: Springer-Verlag, 1998.

[15] NOTAY Y. Algebraic theory of two-grid methods. Numer. Math. Theory Methods Appl., 2015, 8: 168-198.

[16] QUARTERONI A, SACCO R, SALERI F. Numerical Mathematics. 2nd ed. Berlin: Springer-Verlag, 2007.

[17] REED M, SIMON B. Methods of Modern Mathematical Physics. London: Academic Press, INC., 1972.

[18] SAAD Y. Iterative Methods for Sparse Linear Systems. 2nd ed. Philadelphia: SIAM, 2003.

[19] SHEN J, TANG T. Spectral and High-Order Methods with Applications. Beijing: Science Press, 2006.

[20] SUN J, ZHOU A. Finite Element Methods for Eigenvalue Problems, Monographs and Research Notes in Mathematics. Boca Raton: CRC Press, 2017.

[21] 汤涛. 从圆周率计算浅谈计算数学. 北京: 高等教育出版社, 2018.

[22] VARGA R S. Matrix Iterative Analysis. 2nd ed. New York: Springer, 2000.

[23] WILKINSON J H. The Algebraic Eigenvalue Problem. Oxford: Clarendon Press, 1965.

[24] 王涛. 中国计算数学的初创. 北京: 科学出版社, 2022.

[25] 吴勃英, 等. 数值分析原理. 北京: 科学出版社, 2003.

[26] 徐树方. 矩阵计算的理论与方法. 北京: 北京大学出版社, 1995.

[27] 徐树方, 高立, 张平文. 数值线性代数. 2 版. 北京: 北京大学出版社, 2013.

[28] YSERENTANT H. Old and new convergence proofs for multigrid methods. Acta Numerica, 1993, 2: 285-326.

[29] 袁亚湘, 孙文渝. 最优化理论与方法. 北京: 科学出版社, 1997.

[30] ZAYED A I. Advances in Shannon's Sampling Theory. Boca Raton: CRC Press, 1993.

[31] ZEIDLER E. Nonlinear Functional Analysis and Its Applications. Berlin: Springer-Verlag, 1985.

[32] 张平文, 李铁军. 数值分析. 北京: 北京大学出版社, 2007.

[33] 周向宇. 中国古代数学的贡献. 数学学报, 2022, 65: 581-598.

[34] 朱超定, 林群. 有限元超收敛理论. 长沙: 湖南科学技术出版社, 1989.

读者意见反馈

为收集对教材的意见建议，进一步完善教材编写并做好服务工作，读者可将对本教材的意见建议通过如下渠道反馈至我社。

咨询电话　400-810-0598

反馈邮箱　hepsci@pub.hep.cn

通信地址　北京市朝阳区惠新东街4号富盛大厦1座　高等教育出版社理科事业部

邮政编码　100029